全国普通高等学校机械类"十二五"规划系列教材

现代工程制图习题集

主　编　郭克希　罗红萍　魏吉双
副主编　郑雄胜　马广东　李　芳　金　鑫
主　审　常　明

华中科技大学出版社

中国·武汉

内容简介

本习题集与郭克希、罗红萍、郑雄胜主编的《现代工程制图》配套使用。习题集内容的编排顺序与该书对应。

本习题集内容包括:制图的基本知识和技能;点、直线及平面投影;立体中的基本体投影;立体中的组合体投影;轴测图;机件常用的表达方法;标准件;零件图;装配图;焊接图;计算机绘图基础。本习题集所选题目具有典型性和代表性。

本习题集可作为本科院校近机类、非机类专业和高等职业院校机械类专业制图课程习题集,也可作为相关企业技术人员的参考用书。

图书在版编目(CIP)数据

现代工程制图习题集/郭克希　罗红萍　魏吉双　主编．—武汉:华中科技大学出版社,2013.9
ISBN 978-7-5609-9028-6

Ⅰ.现…　Ⅱ.①郭…　②罗…　③魏…　Ⅲ.工程制图-高等学校-习题集　Ⅳ.TB23-44

中国版本图书馆 CIP 数据核字(2013)第 113661 号

现代工程制图习题集　　　　　　　　　　　　　　　　郭克希　罗红萍　魏吉双　主编

策划编辑:万亚军　　　　　　　　　　　　　　　　　　　　　　　　　　　封面设计:范翠璇
责任编辑:周忠强　　　　　　　　　　　　　　　　　　　　　　　　　　　责任校对:朱　霞
责任监印:张正林
出版发行:华中科技大学出版社(中国·武汉)
　　　　　武昌喻家山　邮编:430074　电话:(027)81321915
录　　排:华中科技大学惠友文印中心
印　　刷:武汉科源印刷设计有限公司
开　　本:787mm×1092mm　1/16
印　　张:13.5
字　　数:173千字
版　　次:2013年9月第1版第1次印刷
定　　价:24.00元

本书若有印装质量问题,请向出版社营销中心调换
全国免费服务热线:400-6679-118　　竭诚为您服务
版权所有　侵权必究

前　言

本习题集是编者根据教育部颁发的最新专业目录和高等工科院校工程制图课程教学指导委员会制定的《工程制图课程教学基本要求》的主要精神，参考国内外同类教材，总结多年教学改革经验的基础上编写而成，为全国普通高等学校机械类"十二五"规划教材，与郭克希、罗红萍、郑雄胜主编的《现代工程制图》配套使用。

参加本习题集编写的有：长沙理工大学郭克希（第 1 章、第 9 章）、魏吉双（第 10 章），广西科技大学罗红萍（第 2 章、第 8 章），大连海洋大学马广东（第 3 章），浙江海洋学院郑雄胜（第 4 章、第 7 章），南京工程学院金鑫（第 5 章）、李芳（第 6 章）。本习题集由郭克希、罗红萍、魏吉双任主编，郑雄胜、马广东、李芳、金鑫任副主编。华中科技大学常明教授审阅了全部习题，提出了许多宝贵的意见，在此一并表示衷心的感谢。

由于编者水平所限，习题集中难免存在不当之处，恳请读者批评指正。

编　者

2013 年 2 月

目 录

第 1 章 制图的基本知识和技能 1
- 1-1 字体练习 1
- 1-2 图线练习 3
- 1-3 尺寸标注 4
- 1-4 几何作图 6
- 1-5 抄画平面图形 9
- 1-6 徒手绘图练习 10

第 2 章 正投影法基础 11
- 2-1 由轴测图画三视图 11
- 2-2 补画三视图中缺漏的图线 12
- 2-3 由轴测图找三视图 13

第 3 章 立体的表达 14
- 3-1 点、线、平面的投影 14
- 3-2 基本体的投影 18
- 3-3 切割体、相贯体的投影 21
- 3-4 组合体视图 28
- 3-5 读组合体视图 36

第 4 章 轴测图 43
- 4-1 由立体的三视图徒手画正等轴测图 43
- 4-2 用 A3 图纸画正等轴测图 44
- 4-3 画斜二等轴测图 45

第 5 章 机件常用的表达方法 46
- 5-1 基本视图、局部视图、斜视图 46
- 5-2 全剖视图、半剖视图、局部剖视图 50
- 5-3 断面图 63
- 5-4 规定及简化画法 66
- 5-5 机件表达方法综合练习 67

第 6 章 标准件 69
- 6-1 螺纹及螺纹紧固件 69
- 6-2 键和销 74
- 6-3 滚动轴承 76

第 7 章 零件图 77
- 7-1 零件图的技术要求 77
- 7-2 画零件图及标注尺寸 80

7-3 读零件图 84

第 8 章 装配图 87

8-1 拼画装配图(一) 87

8-2 拼画装配图(二) 90

8-3 读装配图 93

第 9 章 焊接图 95

9-1 看图标注或说明焊接符号 95

9-2 完成焊接图 96

第 10 章 计算机绘图基础 97

模拟试卷 101

模拟试卷(一) 101

模拟试卷(二) 103

第1章 制图的基本知识和技能

1-1 字体练习

班级　　　学号　　　姓名

1. 书写长仿宋体字。

工	程	制	图	技	术	要	求	设	计

螺纹钉连接齿轮模数壳体端盖

轴键销旋转沉孔均布未注圆角

国家标准机械汽车电子

倒角铸铁钢铜铝硬度调质淬火

装配零件组合体标题栏

字体书写横平竖直结构

金属表面处理其余剖视放大图

匀称排列整齐笔画清楚

审核比例材料重量序代号备注

班级　　学号　　姓名

2. 字母和数字练习。

abcdefghijklmnopqrstuvwxyz   1234567890 1234567890

αβγδλμπσφθ

ABCDEFGHIJKLMNOPQRSTUVWXYZ

I II III IV V

1-2 图线练习

班级　　　　学号　　　　姓名

在指定位置处，照范例画出各种图线和图形。

| 1-3 尺寸标注（尺寸从图中直接量取整数） | 班级　　　　学号　　　　姓名 |

1. 在给定的尺寸线上画出箭头，填写尺寸数字。

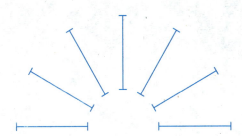

3. 在下列图形中标注箭头和尺寸数值。

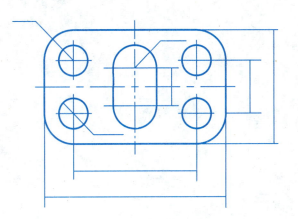

2. 在给定的尺寸线上画出箭头，填写角度数字。

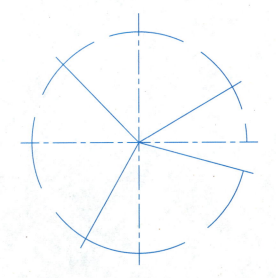

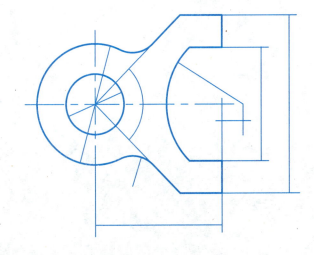

4. 标注下列图形尺寸。

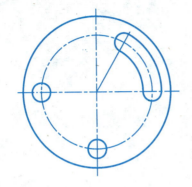

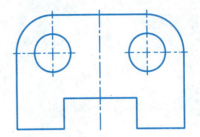

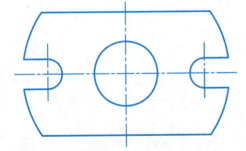

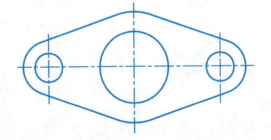

| 1-4 几何作图 | 班级　　　　学号　　　　姓名 |

1. 斜度、锥度的画法练习（用1:1的比例，在给定位置抄绘下面的图形，并标注尺寸）。

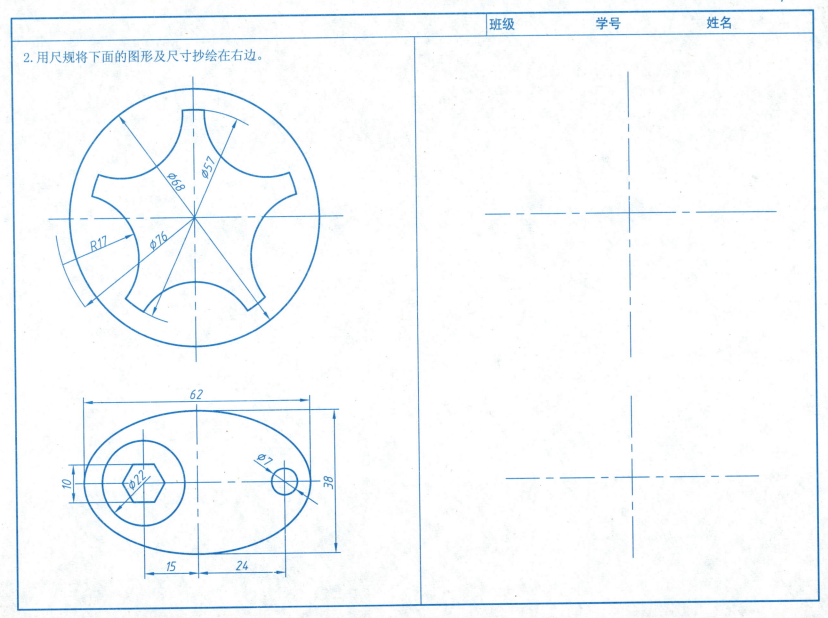

3. 用尺规将下面的图形抄绘在右边。

| 1-5　抄画平面图形 | 班级　　　　学号　　　　姓名 |

按给定尺寸，用1:1的比例在A4幅面图纸上画出下列图形之一，并标注尺寸。

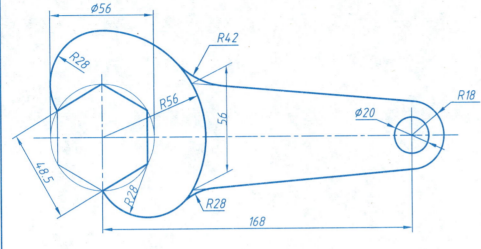

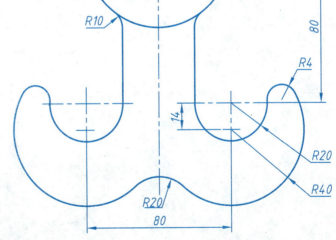

绘制基本要求：
(1) 工具完备，准备充分；
(2) 图幅及格式符合国家标准规定；
(3) 比例选择适当，布局合理；
(4) 图线、线型正确，粗细分明，颜色深浅一致；
(5) 字体、数字工整、符合标准；
(6) 图形正确，尺寸正确；
(7) 标题栏填写正确、完整；
(8) 图面整洁、美观。

| 1-6　徒手绘图练习 | 班级　　　学号　　　姓名 |

在右边的方格纸上徒手绘制下面的图形，不标注尺寸。

第2章 正投影法基础

2-1 由轴测图画三视图

(1)

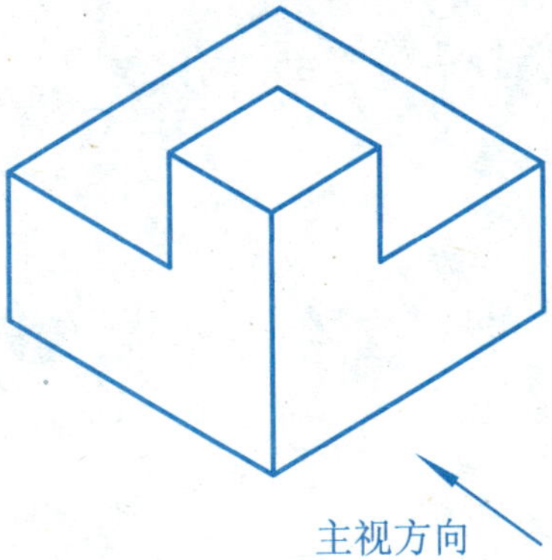

主视方向

(2)

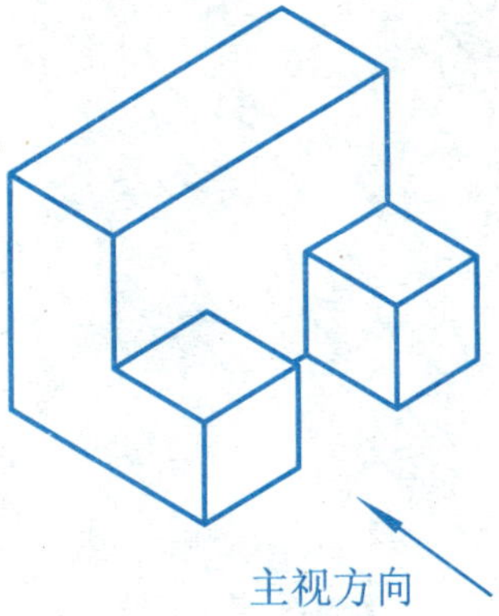

主视方向

(3)

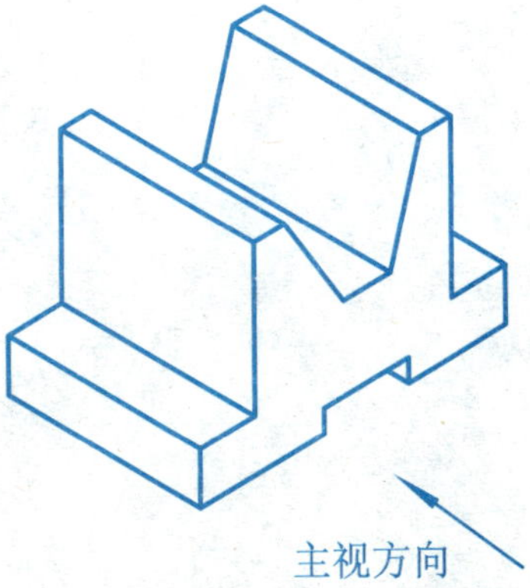

主视方向

(4)

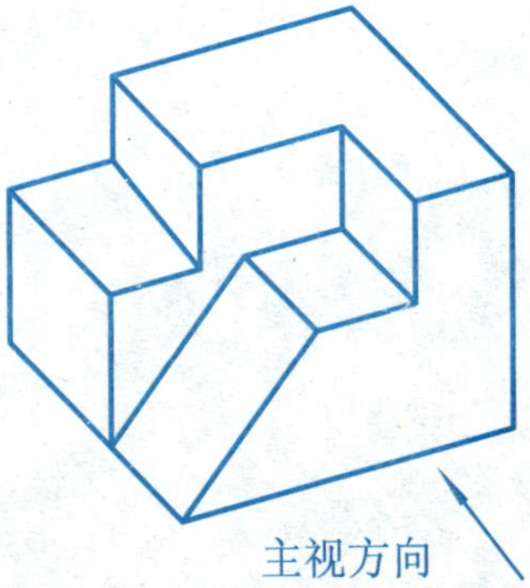

主视方向

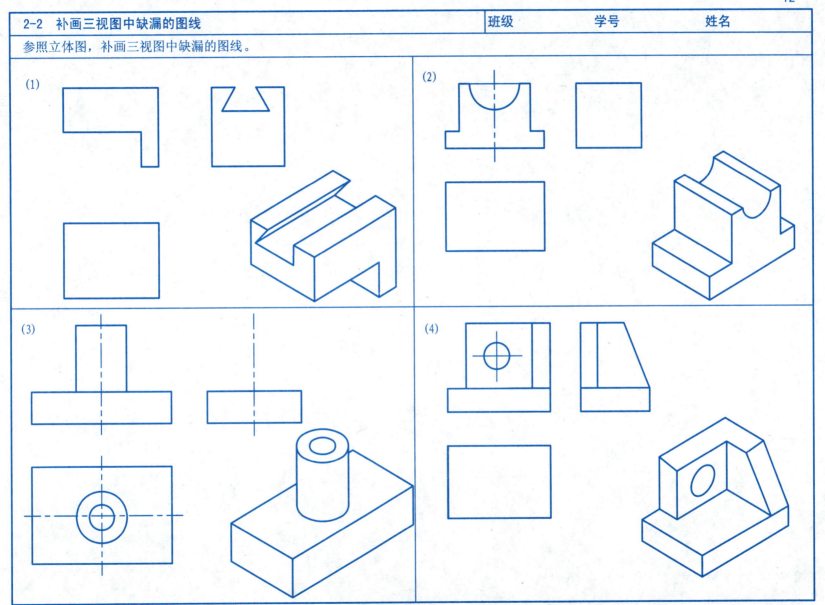

2-3 由轴测图找三视图

第3章 立体的表达

3-1 点、线、平面的投影

班级　　　学号　　　姓名

点的投影：

1. 由立体图作出各点的两面投影（尺寸由图中量取）。

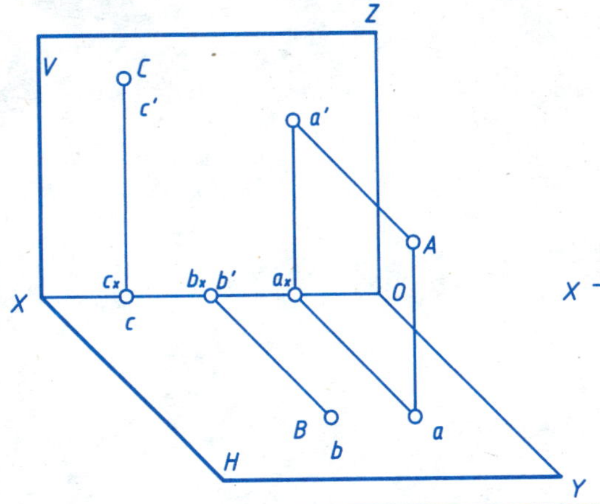

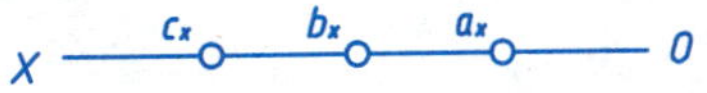

2. 已知下列各点的坐标，画出它们的三面投影。
   (1) $A(20, 20, 10)$　(2) $B(0, 10, 20)$

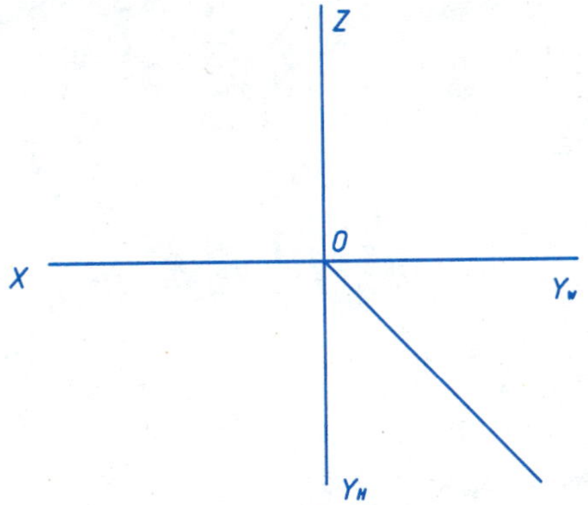

3. 由立体图作出各点的三面投影（尺寸由图中量取）。

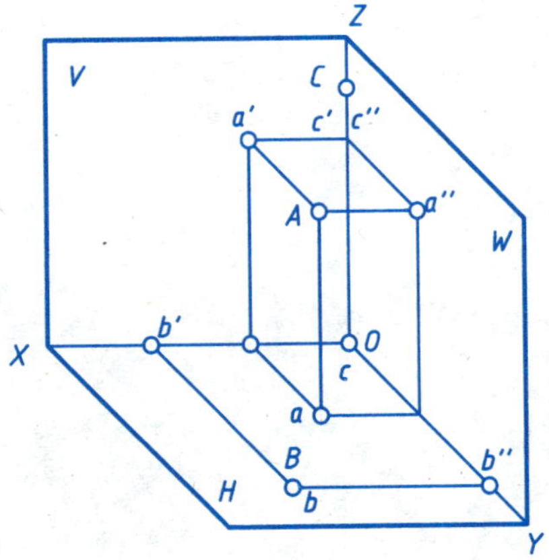

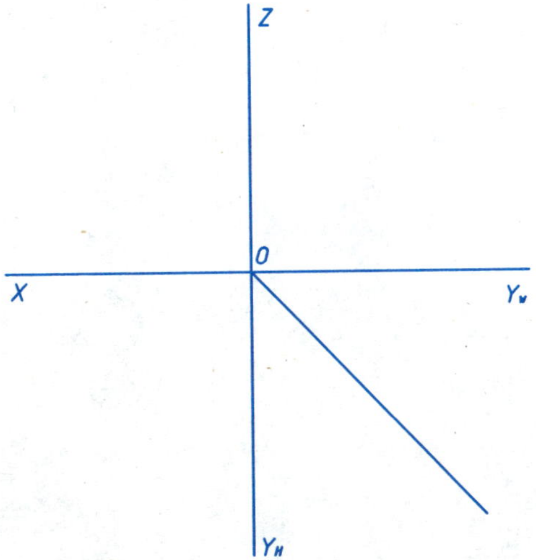

4. 已知点 A 的坐标 $(12, 10, 25)$，点 B 在点 A 左方 10 mm，下方 15 mm，前方 10 mm；点 C 在点 A 的正前方 5 mm；点 D 距离投影面 W、V、H 分别为 15 mm、20 mm、12 mm。求各点的三面投影。

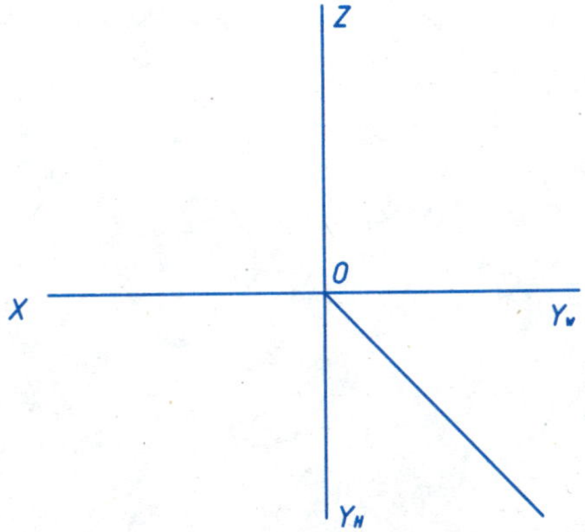

5. 已知下列各点的两面投影，求出它们的第三面投影。

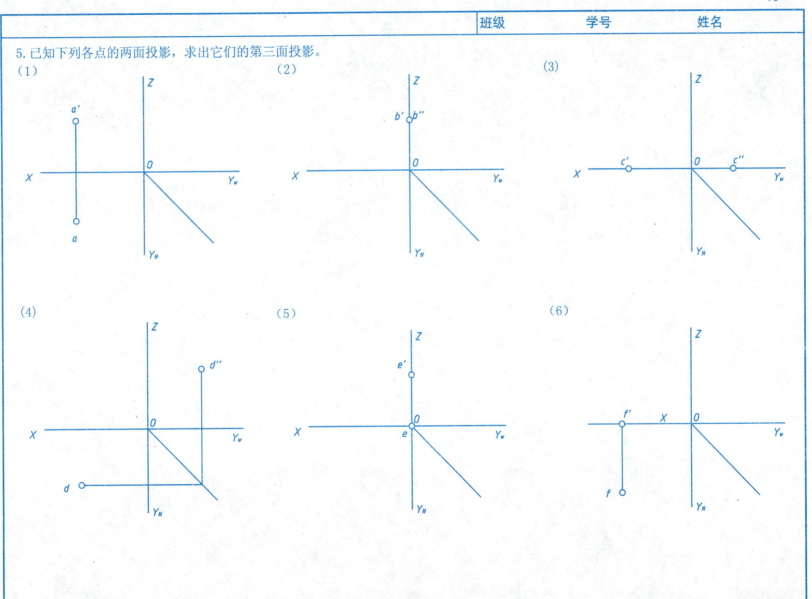

| 班级 | 学号 | 姓名 |

直线的投影：

1. 画出各直线的第三面投影，并判别各直线对投影面的相对位置。

(1)   (2)   (3)

_____线   _____线   _____线

2. 根据下列条件画出直线的三面投影（求一解）。

(1) 过点 A 作水平线 AB，AB=20，β=60°。   (2) 过点 A 作正平线 AC，AC=20，$\alpha = \gamma$=45°。   (3) 过点 A 作侧垂线 AD，AD=20。

| 班级 | 学号 | 姓名 |

平面的投影：

(1) 平面ABC _____ 面

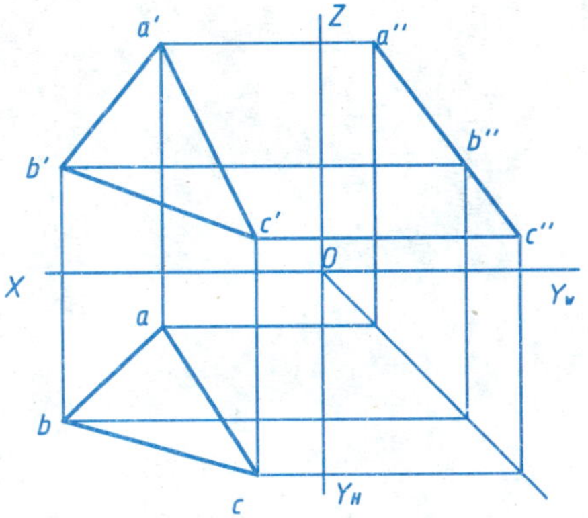

(2) 平面ABCD _____ 面

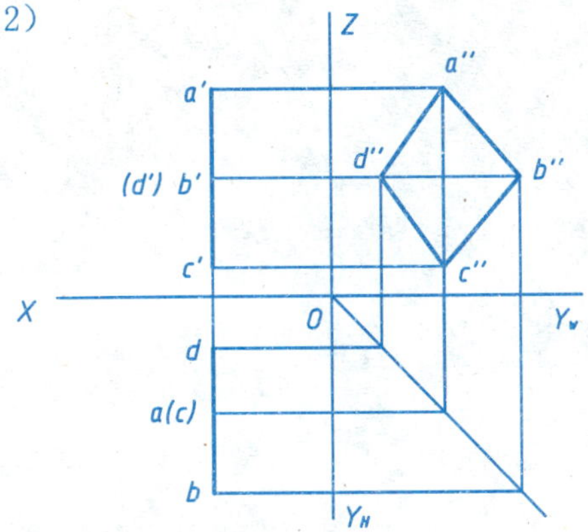

(3) 平面ABC _____ 面

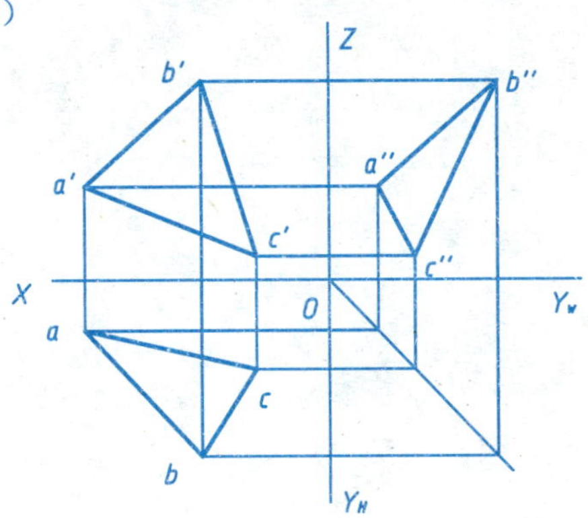

2. 在平面内确定点K，使点K距H面15 mm，距V面20 mm。

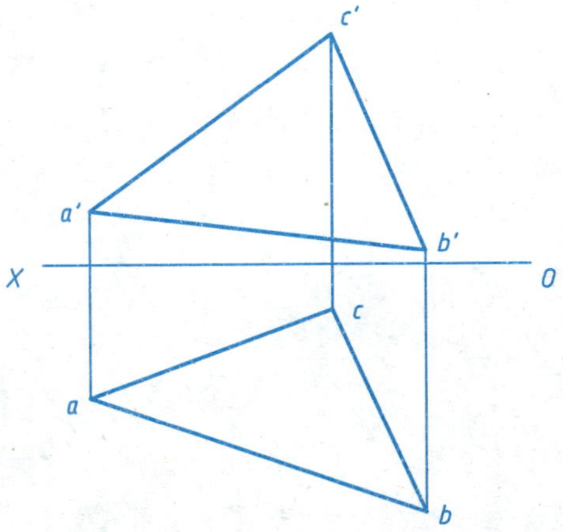

3. 补全平面图形ABCDE的两面投影。

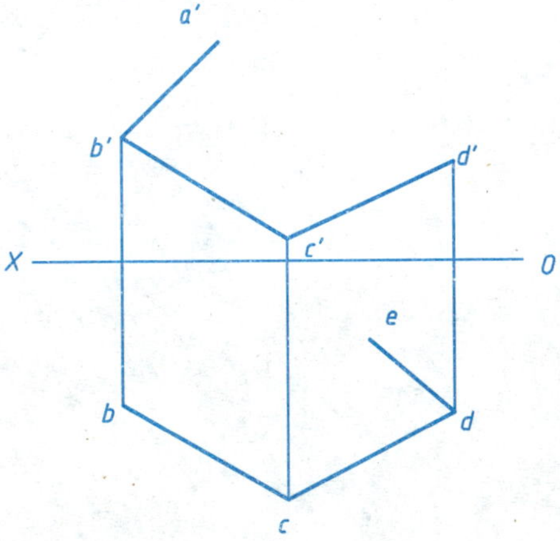

4. 已知AB为正平线，求平面四边形ABCD的水平投影。

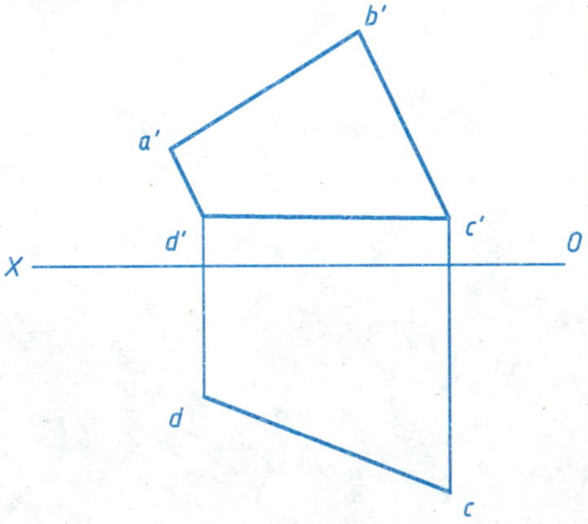

| 3-2 基本体的投影 | 班级　　　学号　　　姓名 |

1. 补绘立体的第三面投影及表面上点的投影。

(1)

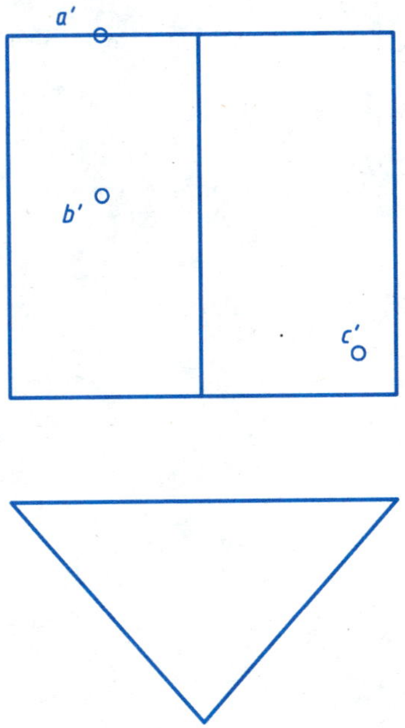

(2)

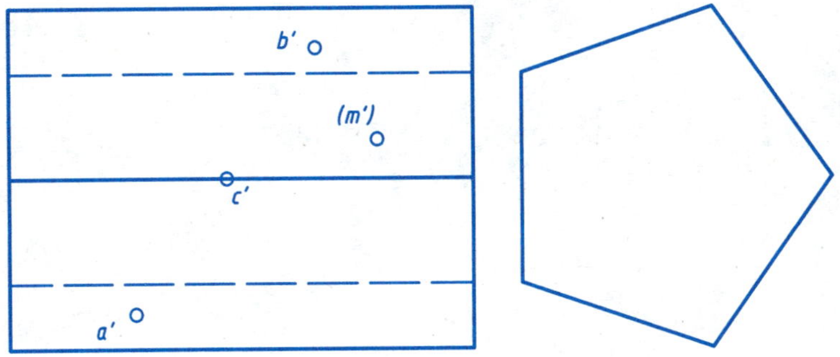

2. 补绘立体的第三面投影及表面上的点、线的投影。

(1)

(2)

(3)

(4)

| 3-3 切割体、相贯体的投影 | 班级　　　　学号　　　　姓名 |

1. 补全立体被截切后的水平投影和侧面投影。

（1）

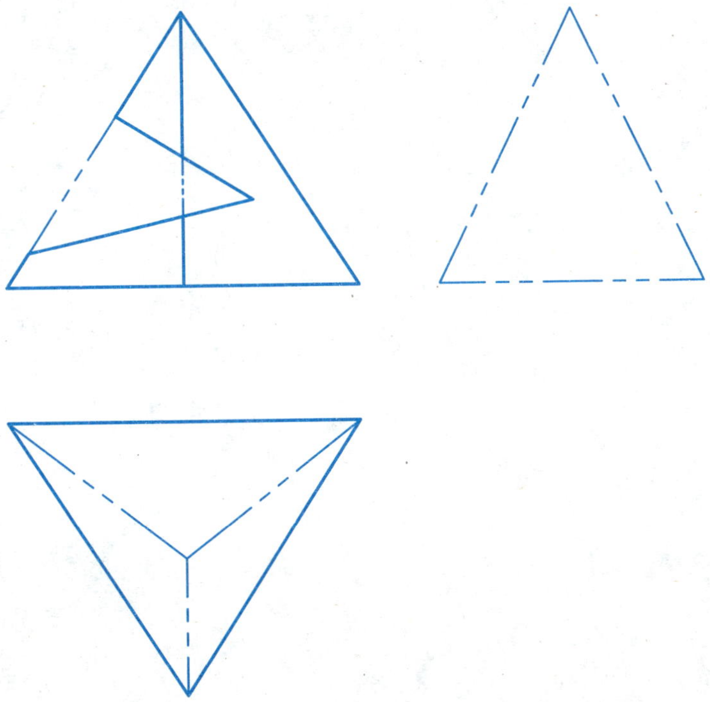

（2）

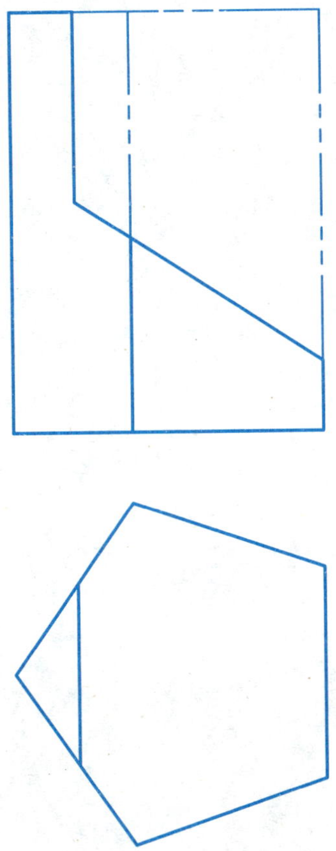

	班级　　　学号　　　姓名
(3)	(4)

2. 补全圆柱被截切后的水平投影和侧面投影。

(1)

(2)

3. 补全圆锥或球被截切后的水平投影和侧面投影。

(1)

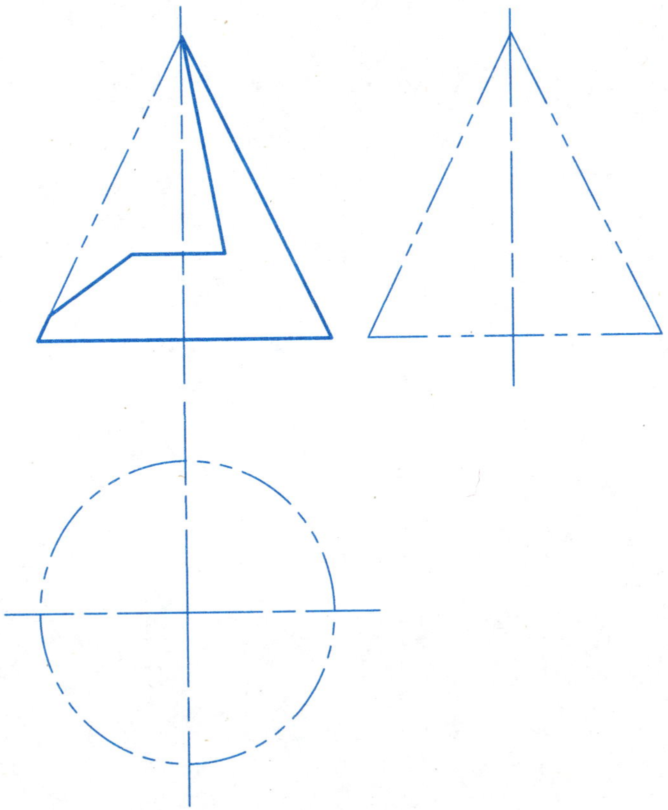

(2)

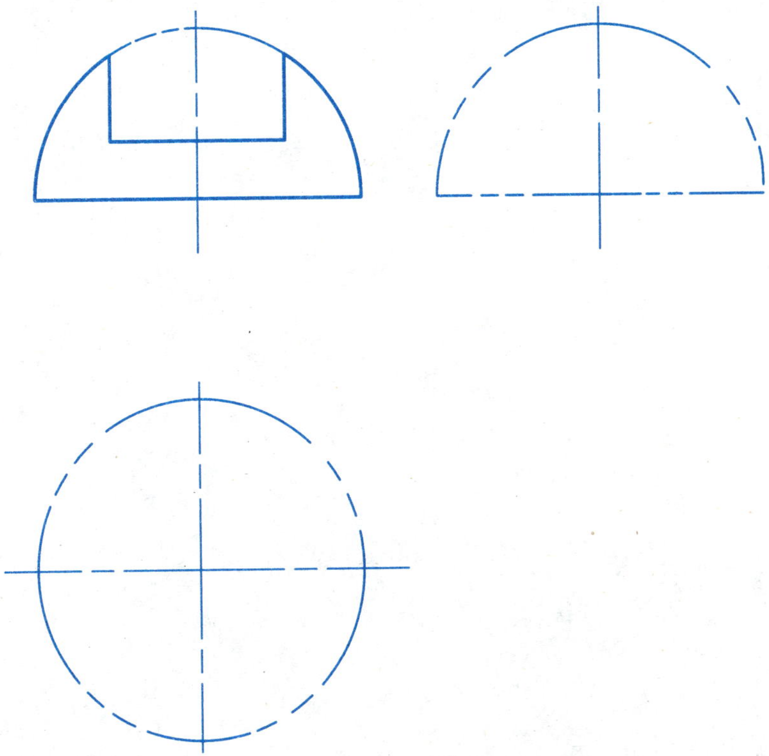

| 班级 | 学号 | 姓名 |

4. 三棱柱与圆锥相贯，试完成水平投影。

5. 四棱柱与半球相贯，试完成正面投影。

6. 两个圆柱相贯，试完成正面投影。

(1)

(2)

| | 班级 | 学号 | 姓名 |

7. 完成圆柱与圆锥相贯体的两面投影。

8. 完成圆柱与半圆球相贯体的正面投影。

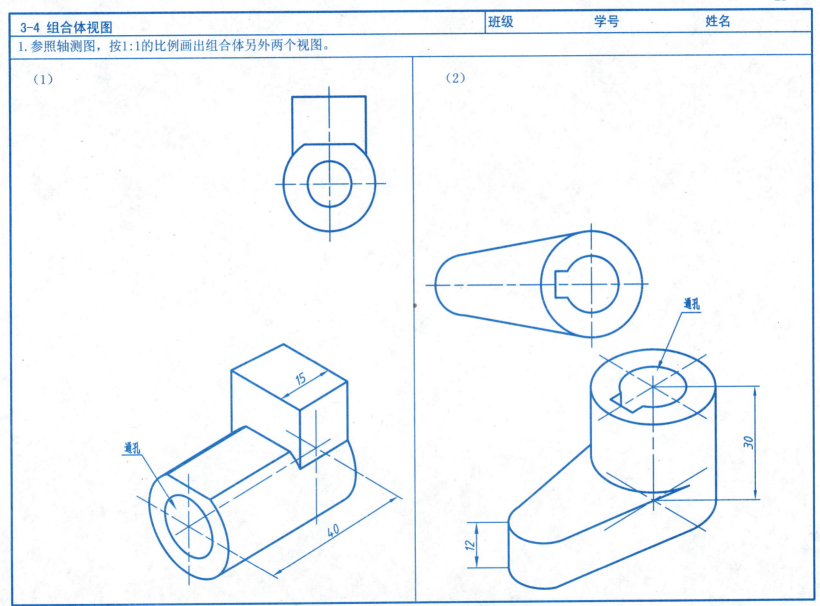

(3)

(4)

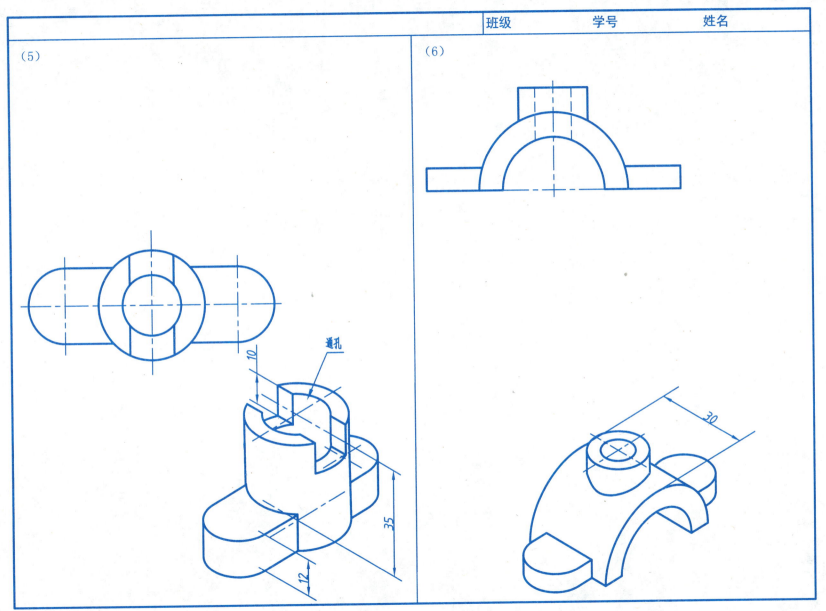

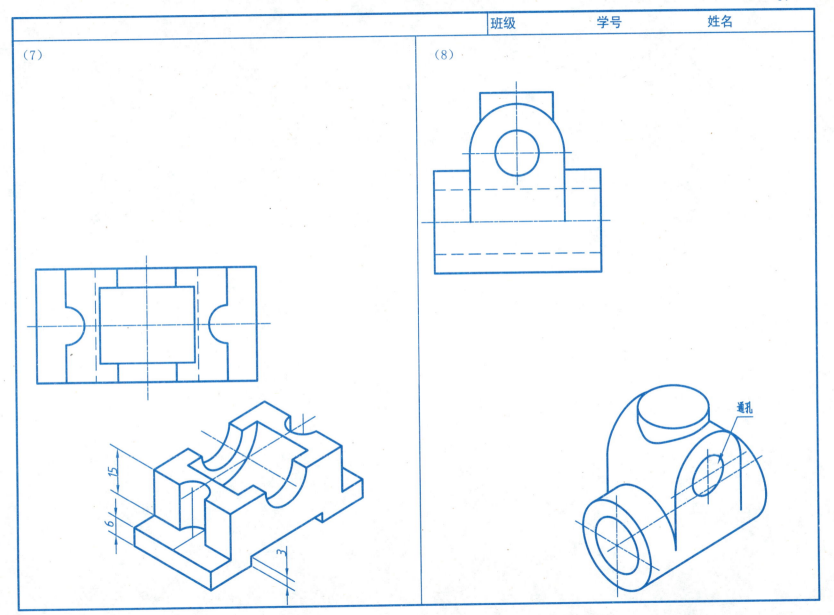

2. 标注下列零件的尺寸。

(1)

(2)

(3)

(4)

| 班级 | 学号 | 姓名 |

	班级	学号	姓名

3. 补画立体的主视图,并进行尺寸标注(尺寸直接从图上量取,精确到毫米)。

(1)

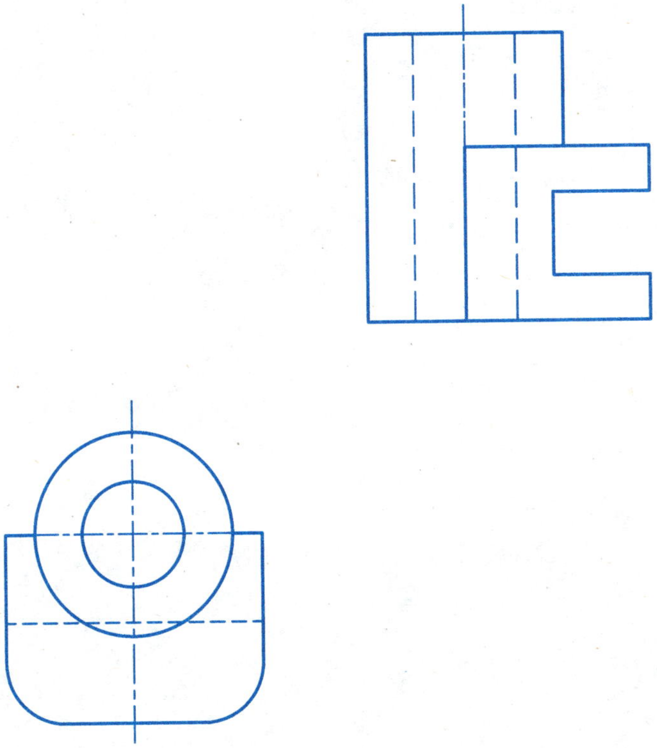

(2)

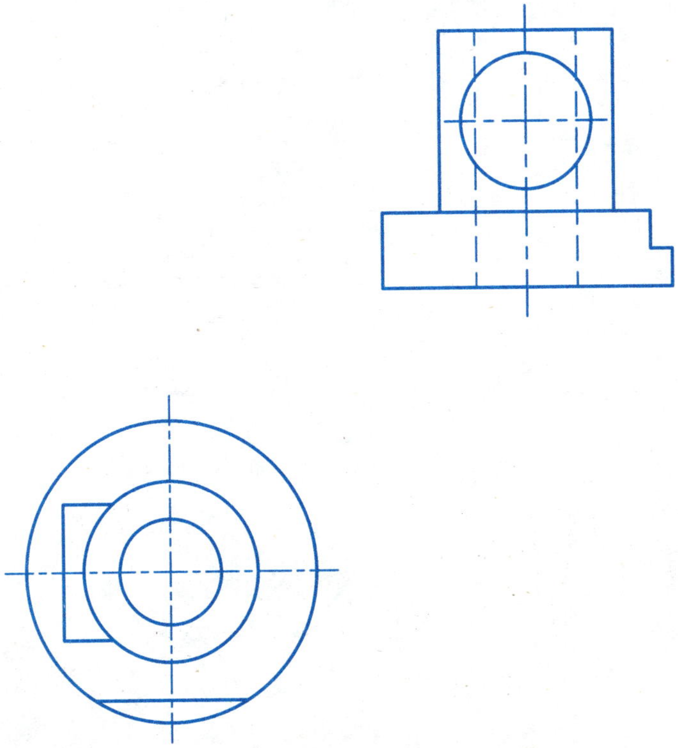

| | 班级　　　学号　　　姓名 |

(3)

(4)

3-5 读组合体视图

班级　　　学号　　　姓名

1. 补全主视图中漏画的图线。

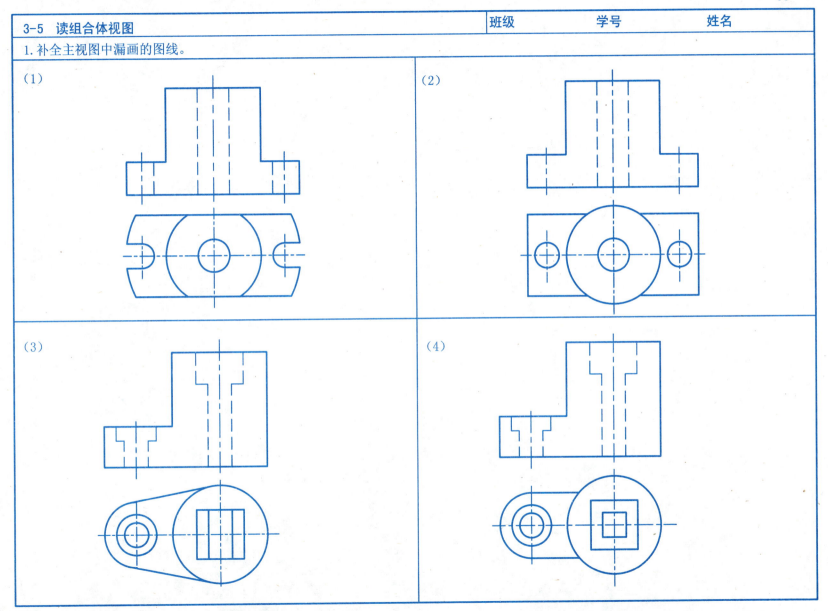

(1)　(2)　(3)　(4)

2. 补画形体的第三视图。

(1)

(2)

(3)

(4)

| 班级 | 学号 | 姓名 |

(5)

(6)

(7)

(8)

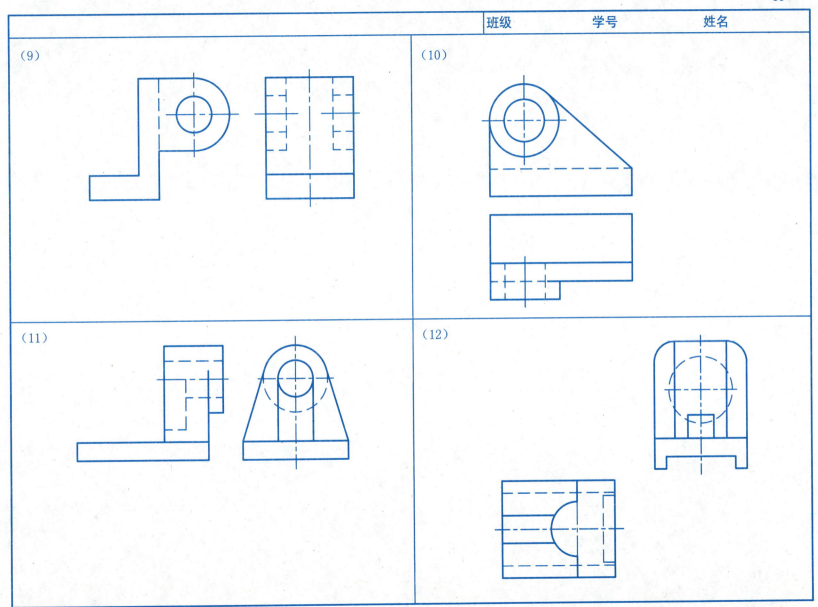

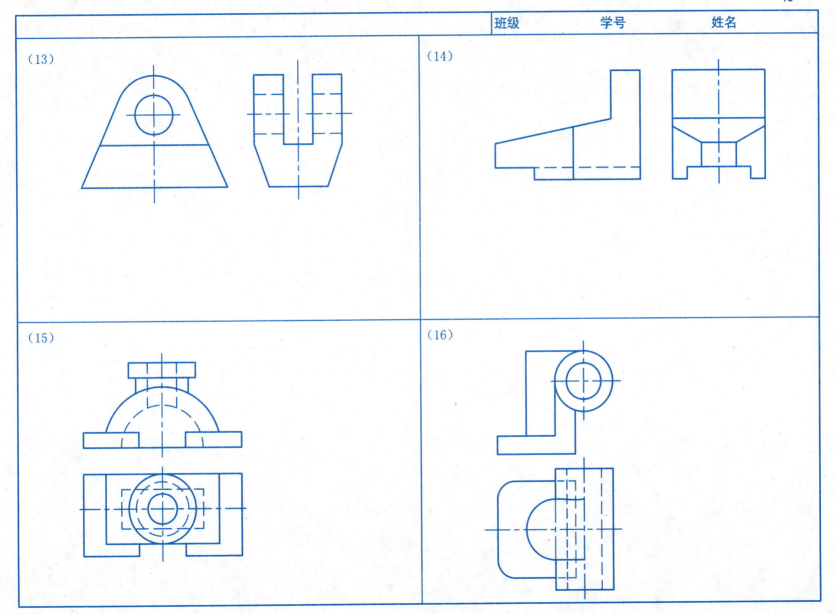

| 班级 | 学号 | 姓名 |

(17)

(18)

(19)

(20)

3. 根据视图所注尺寸，用1:1的比例在A3图纸上画出形体的三视图，并进行尺寸标注(图名：组合体)。

(1)

(2)

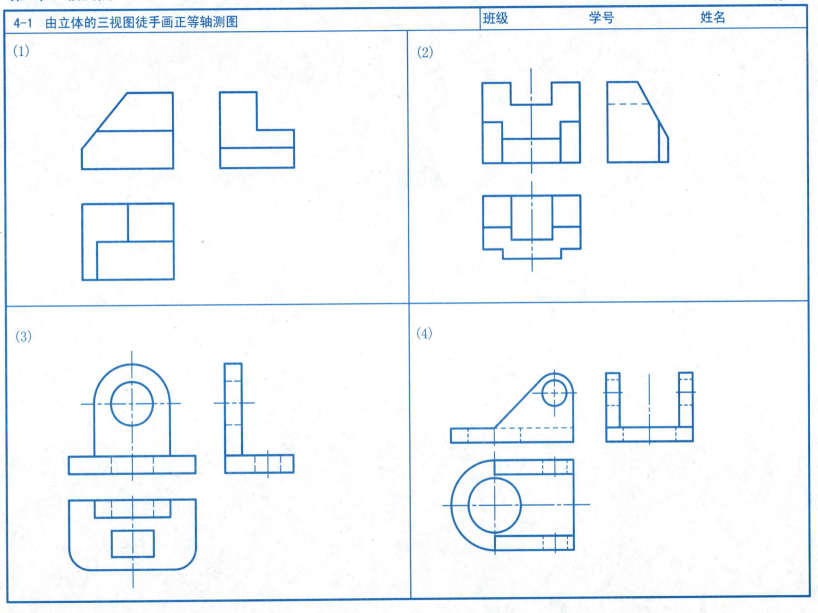

4-2　用A3图纸画正等轴测图（尺寸按1:1量取）　　　班级　　　学号　　　姓名

(1)

(2)

(3)

(4)

4-3 画斜二等轴测图（按1:1量取）

班级　　　学号　　　姓名

第5章 机件常用的表达方法

5-1 基本视图、局部视图、斜视图

班级　　　　学号　　　　姓名

1. 补全六个基本视图，包括图中所有虚线。

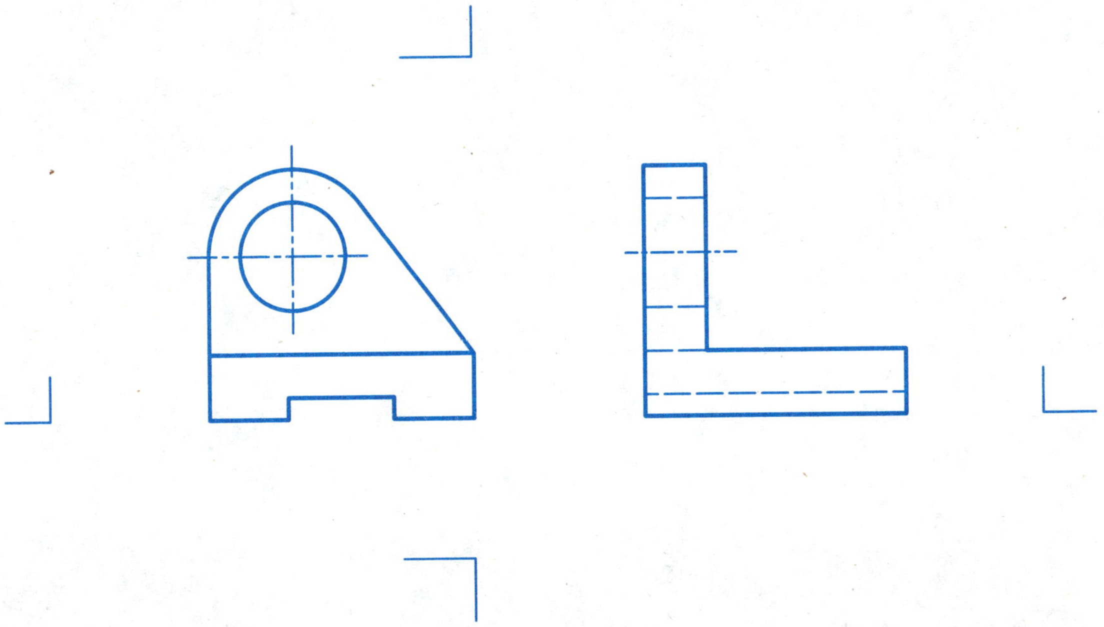

2. 按照箭头所指的方向画出对应的向视图。

B A

C D

| 班级 | 学号 | 姓名 |

3. 在空白位置画出斜视图或局部视图。
(1)

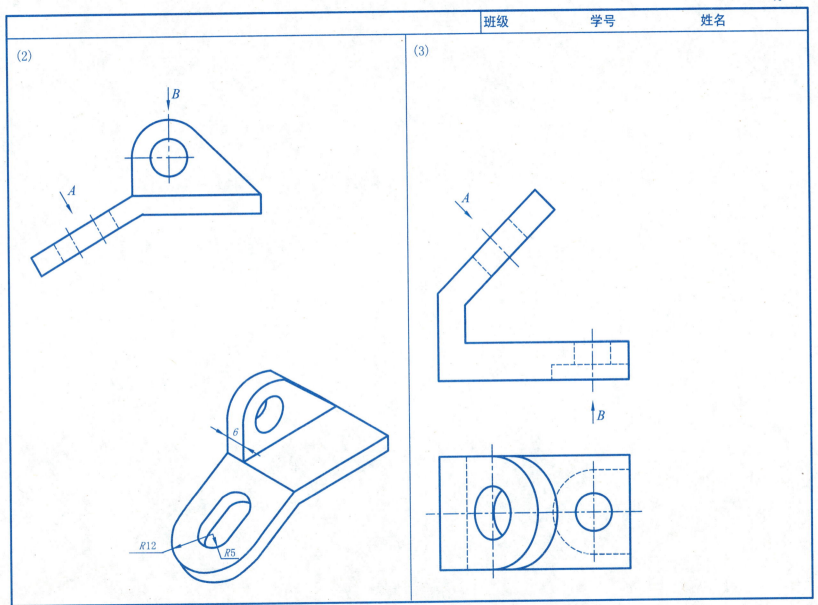

5-2　全剖视图、半剖视图、局部剖视图

1. 分析图中错误，在指定位置画出正确的剖视图。

(1)

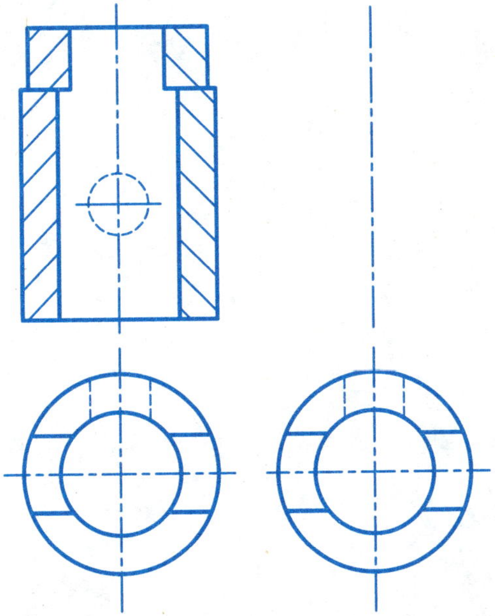

(2)

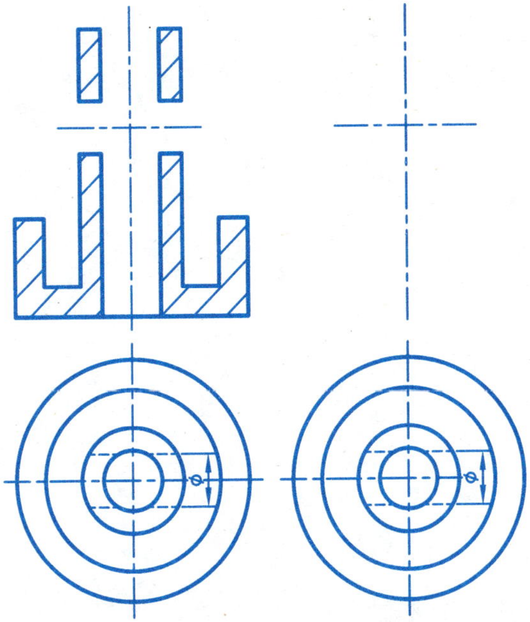

| 班级 | 学号 | 姓名 |

2. 补画出剖视图中的漏线。

(1)

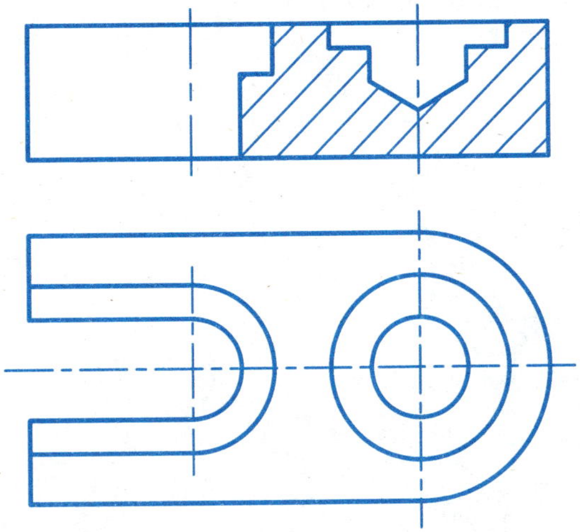

(2)

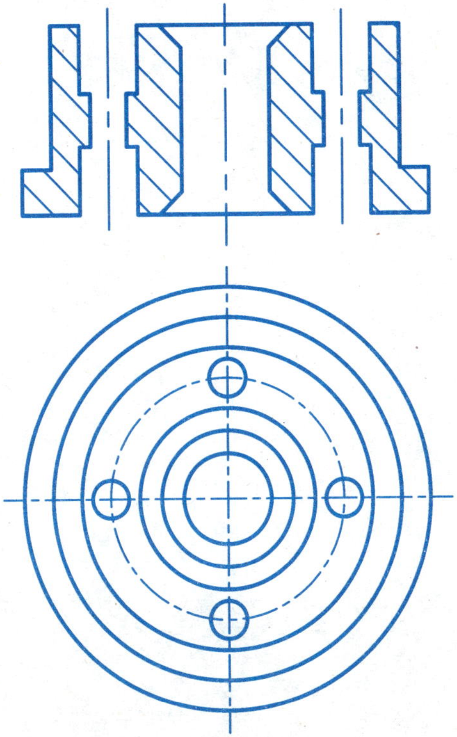

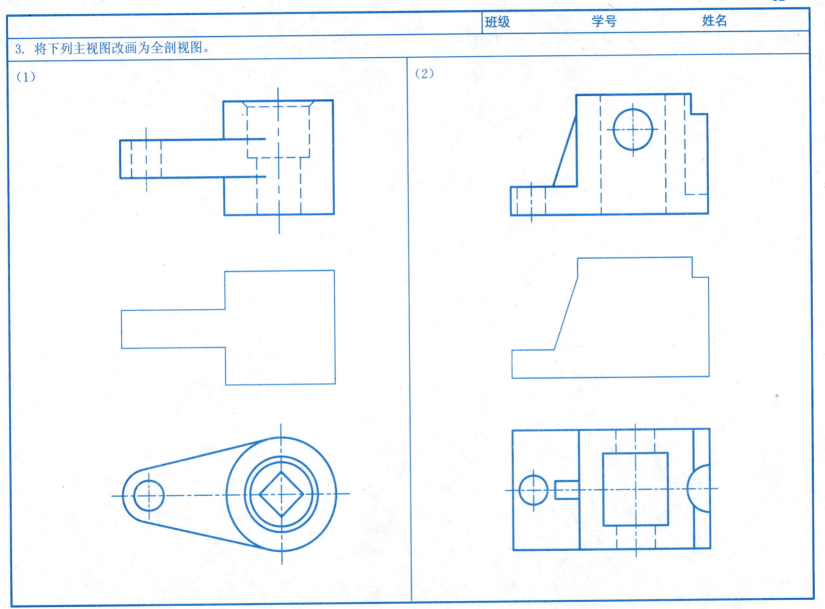

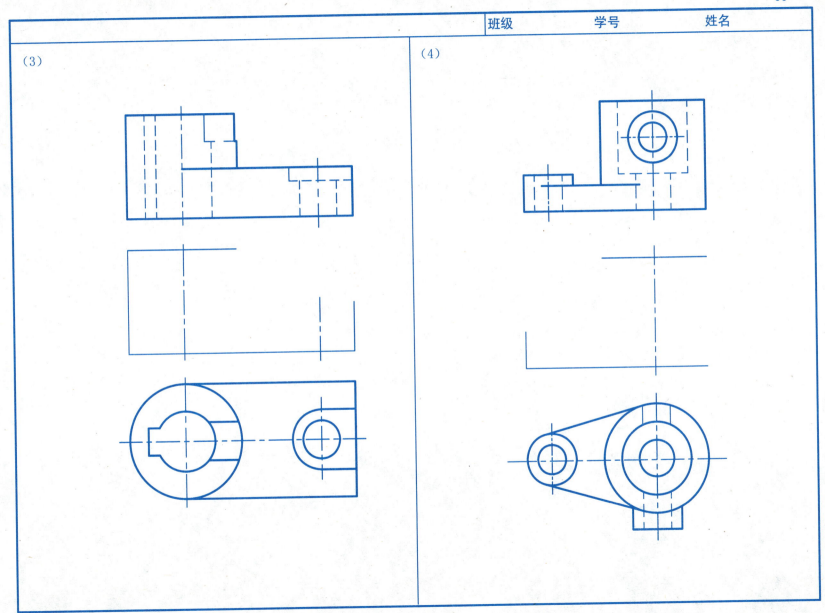

4. 将下列主视图改画为半剖视图。

(1)

(2)

5. 将下列主视图改画为全剖视图，并画出半剖的左视图。

6. 将下列主视图改画为半剖视图，并画出全剖的左视图。

| 班级 | 学号 | 姓名 |

7. 修改图中波浪线画法上的错误。

(1)

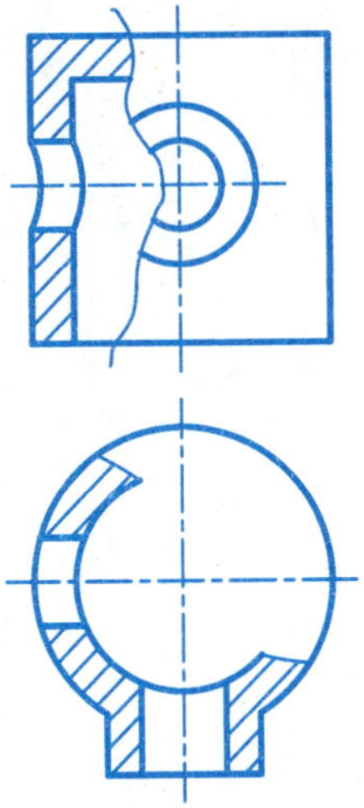

(2)

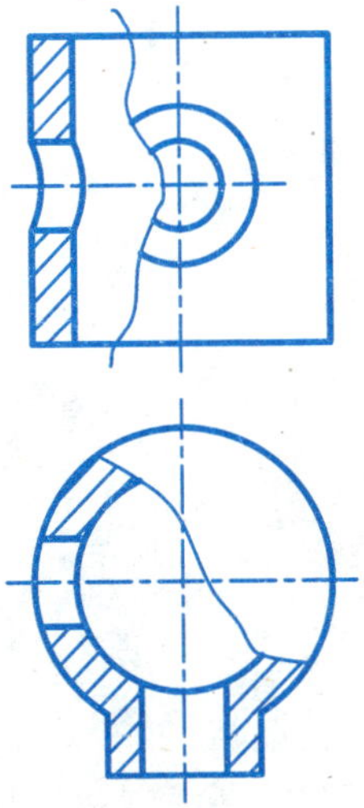

8. 选择正确的主、俯视图。

(1)

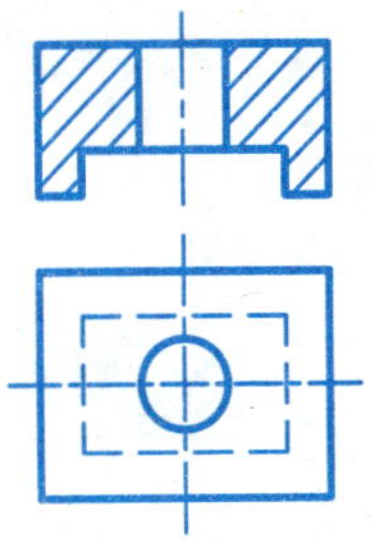

(a) 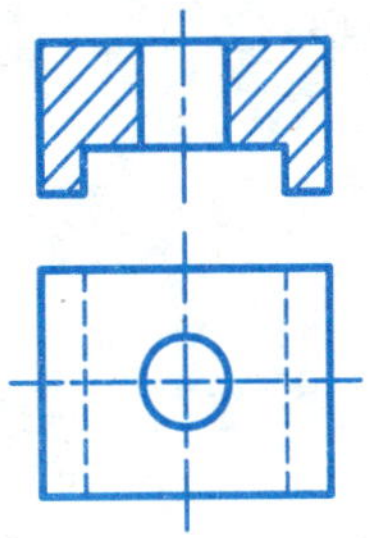   (b)

(2)

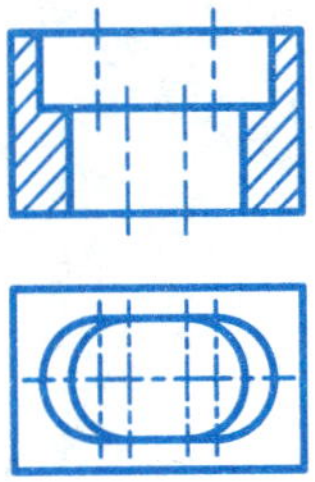

(a) 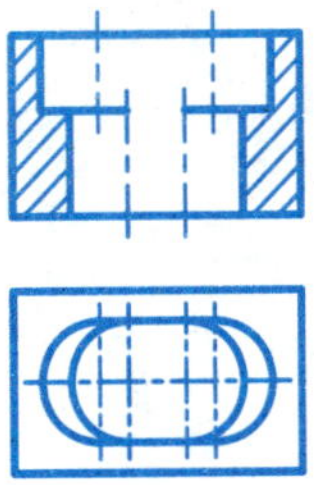   (b)

(3)

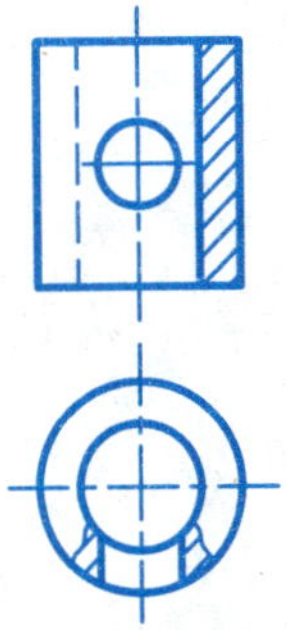

(a) 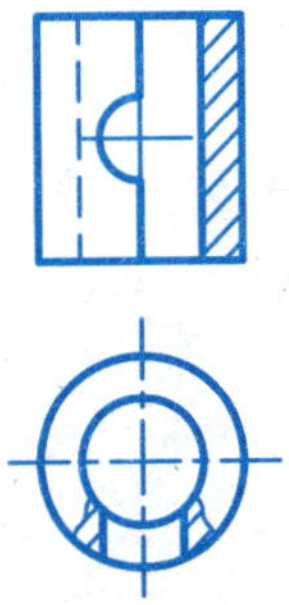   (b) 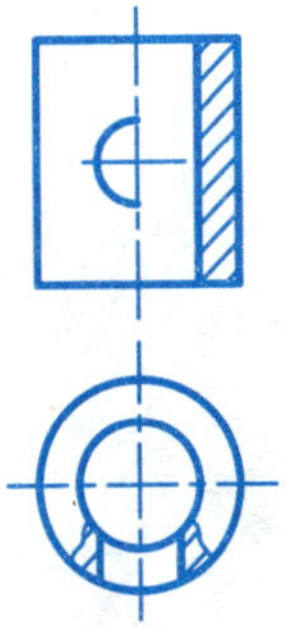   (c)

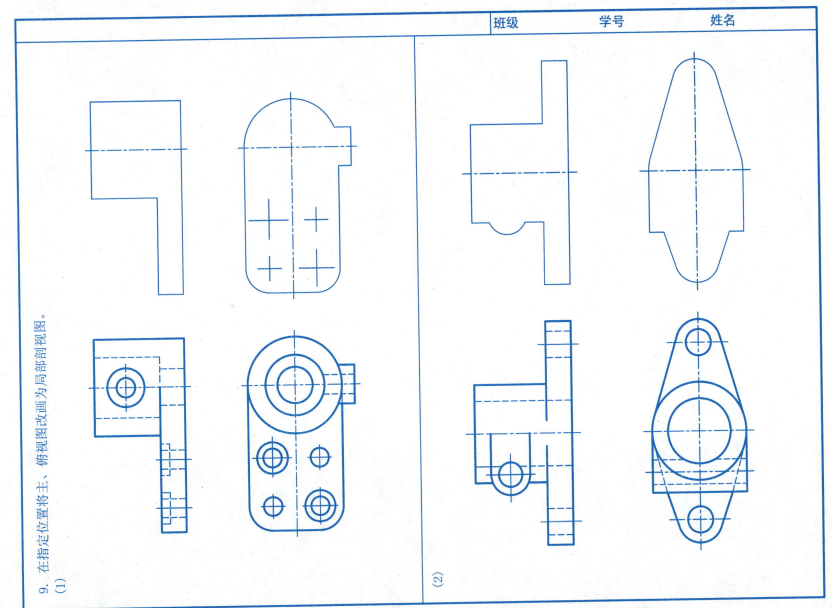

9. 在指定位置将主、俯视图改画为局部剖视图。
(1) (2)

10. 作出A—A的斜剖视图。

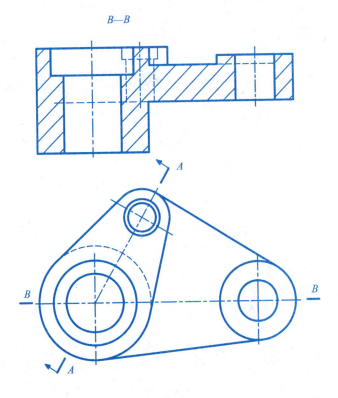

11. 采用几个平行的剖切面剖切的方法，画出机件的全剖主视图。

(1)

(2)

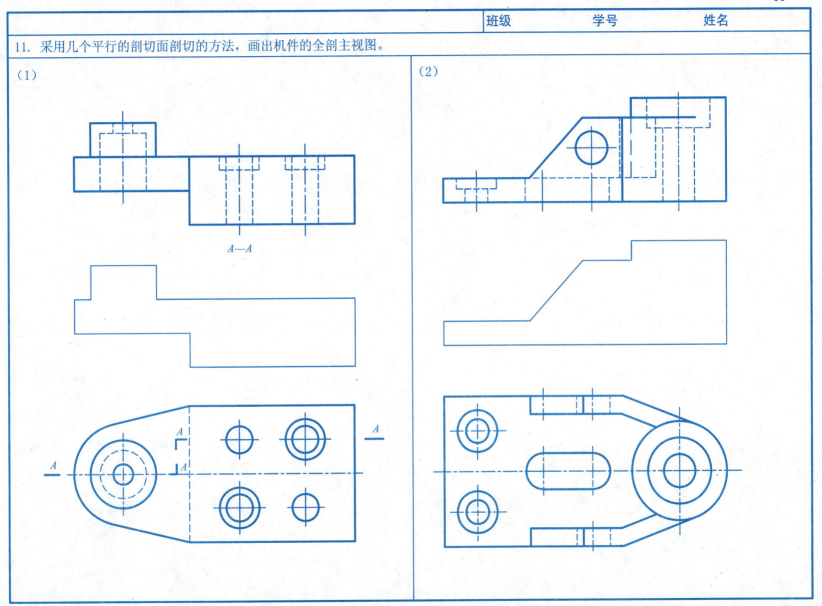

| 班级 | 学号 | 姓名 |

12. 采用两个相交的剖切面剖切的方法，画出机件的全剖主视图。

(3)

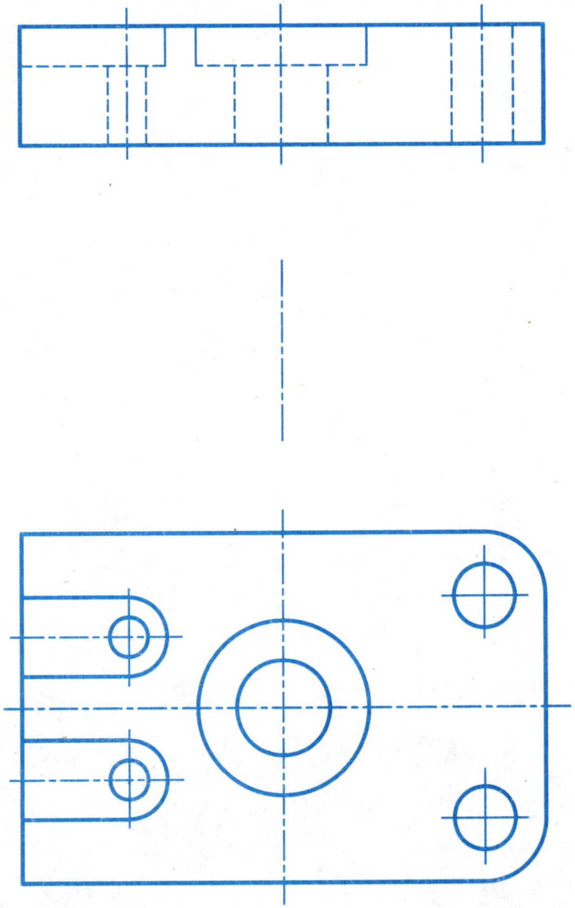

(1)

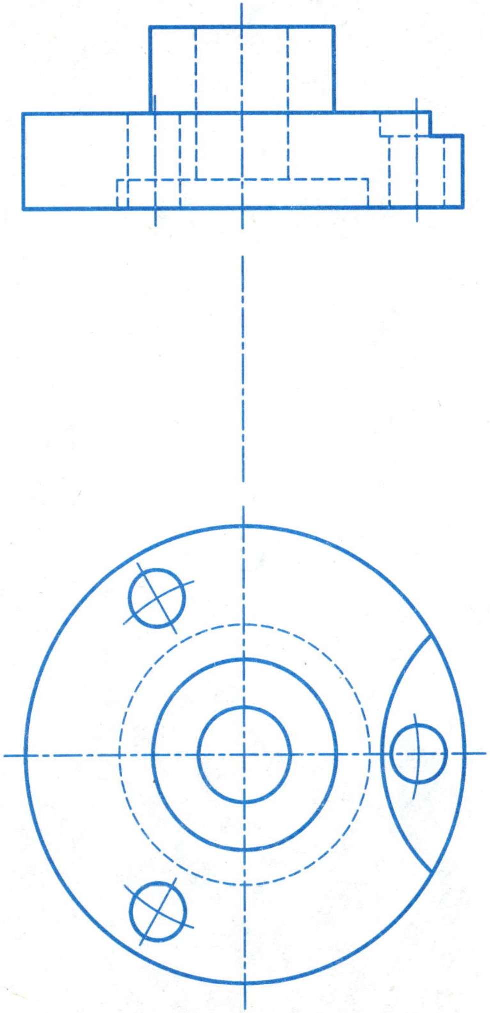

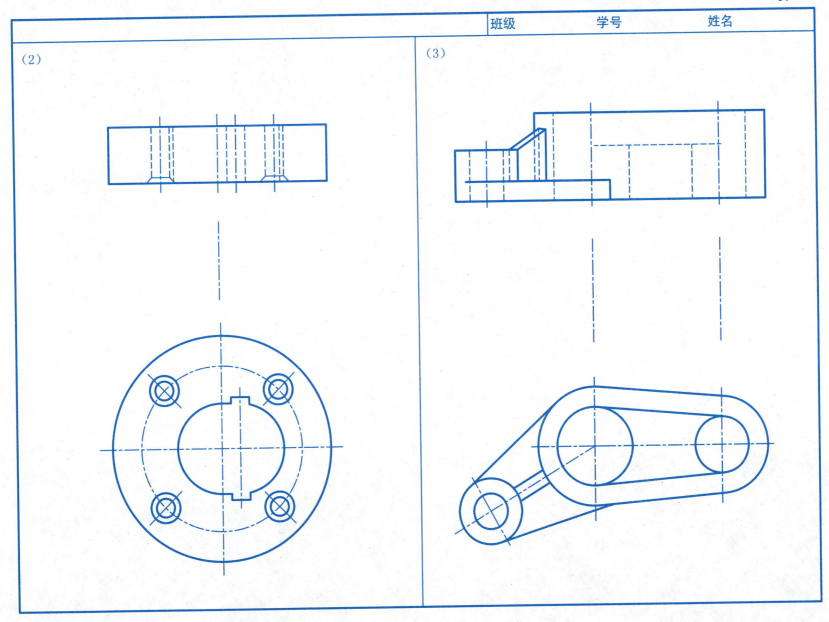

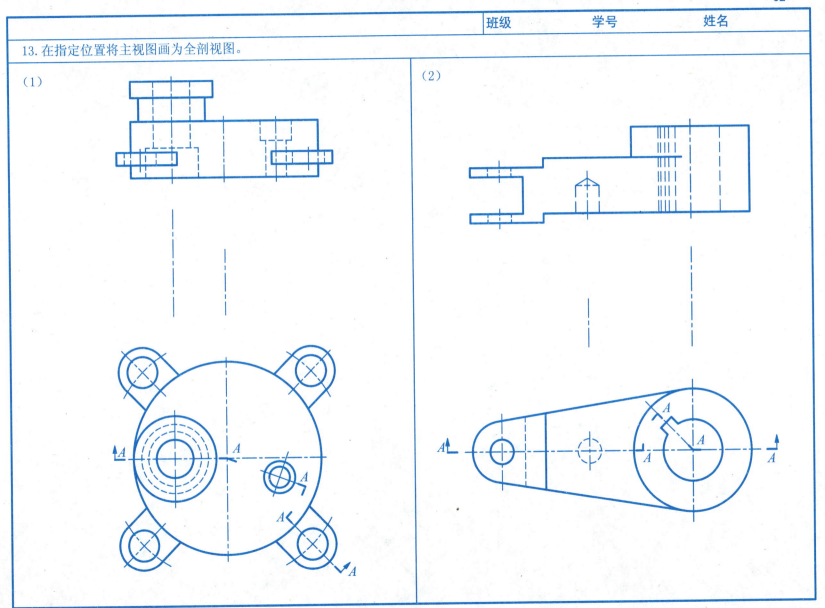

| 5-3　断面图 | 班级　　　学号　　　姓名 |

1. 画出指定位置的轴的移出断面图（左边键槽深4 mm，右边键槽深3 mm）。

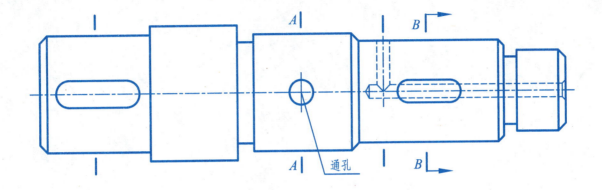

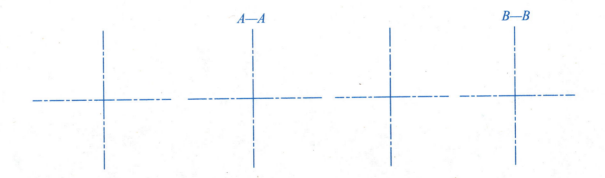

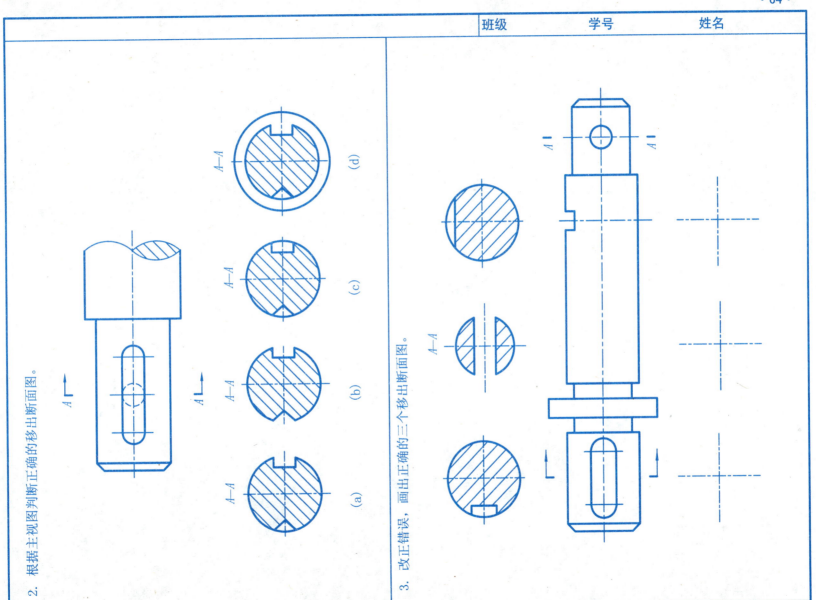

2. 根据主视图判断正确的移出断面图。

3. 改正错误，画出正确的三个移出断面图。

4. 在指定剖切位置画出重合断面图。

5. 选择正确的重合断面图。

| 5-4 规定及简化画法 | 班级　　　　学号　　　　姓名 |

1. 使用规定画法将主视图画为全剖视图。

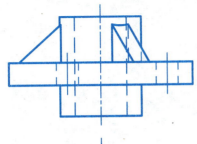

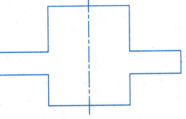

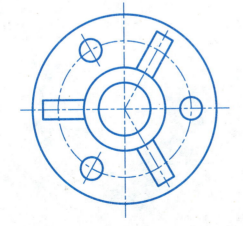

2. 在指定位置画出正确的全剖主视图。

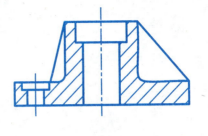

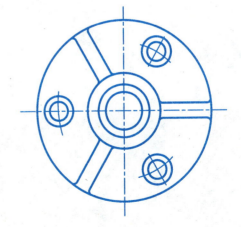

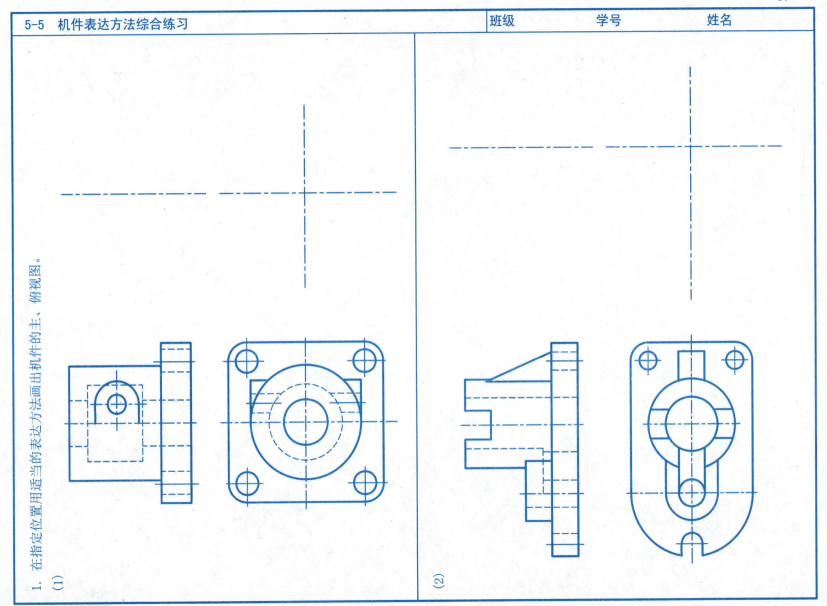

2. 补画左视图，在各视图上选择适当的表达方法，在A3图纸上表达该机件（图名：机件）。按1:1比例画图。

第6章 标准件

6-1 螺纹及螺纹紧固件

1. 分析下列螺纹画法中的错误，并在指定位置画出正确的图形。

(1)

(2)

(3)

(4)

2. 根据规定画法，按要求画出以下视图，比例为1:1。

（1）外螺纹大径为20 mm，螺纹长30 mm，螺杆长40 mm，头部倒角为C2。

（2）内螺纹大径为20 mm，螺纹长35 mm，钻孔深度为45 mm，孔口倒角为C2。

（3）将题（1）、题（2）的内、外螺纹旋合起来，旋合长度为20 mm，画出旋合后的全剖主视图和左视图（左视图在旋合部分剖切）。

| 班级 | 学号 | 姓名 |

3. 根据给定的螺纹要素，在图形上标注螺纹代号。

(1) 粗牙普通螺纹，大径为20 mm，螺距为2.5 mm，单线，左旋，中径和顶径公差带代号为5g6g，中等旋合长度。

(2) 细牙普通螺纹，大径为20 mm，螺距为1.5 mm，单线，右旋，中径和顶径公差带代号均为5H，长旋合长度。

(3) 55°非密封管螺纹，尺寸代号为1/2，公差等级为A级，右旋。

(4) 55°密封管螺纹，尺寸代号为3/4，左旋。

4. 根据螺纹标记，填写表格中的内容。

螺纹标记	螺纹种类	大径	螺距	线数	导程	旋向	公差带代号	旋合长度代号
M20×Ph4P2-6H								
M24-5g6g-L-LH								
Tr28×6-7H								
B40×7-7e								

螺纹标记	螺纹种类	尺寸代号	大径	螺距	旋向	公差等级
Rc1/4						
G3/8A-LH						

5. 根据给定的螺纹要素，在图形上标注螺纹代号。

(1) 六角头螺栓（GB/T 5782—2000）　　　(2) 六角螺母（GB/T 6170—2000）　　　(3) 双头螺柱（GB/T 898—1988）

标记 _____　　　标记 _____　　　标记 _____

6. 用双头螺柱（GB/T 899　M12×30）、螺母（GB/T 6170　M12）、垫圈（GB/T 93—1987　12)将两零件连接起来，其中螺孔材料为钢，试用比例画法完成其连接图。

7. 分析下列螺纹连接图中的错误，并在下方指定位置画出正确图形。

(1)

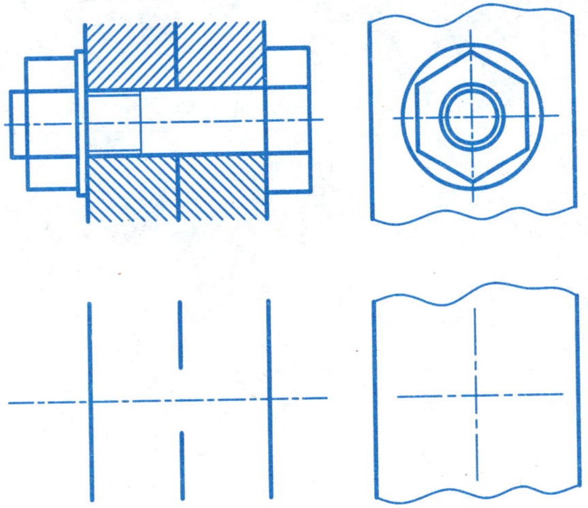

(2)

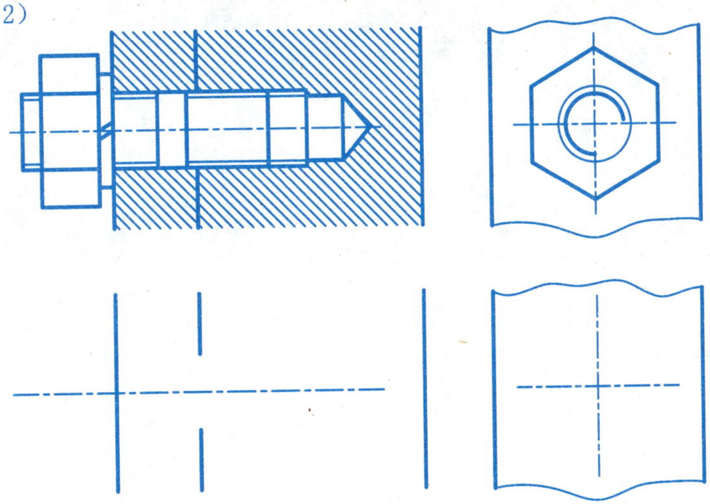

(3)

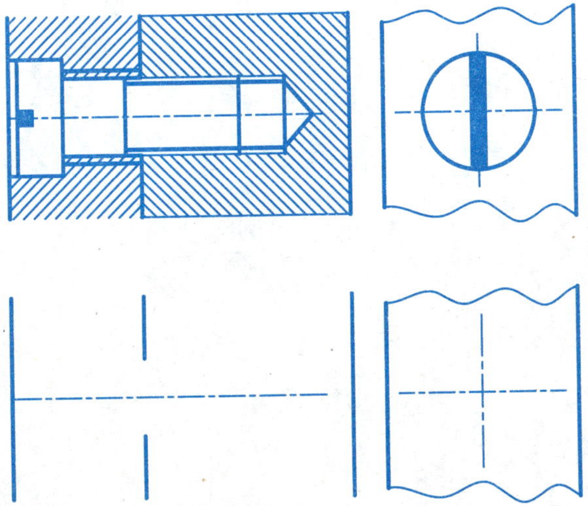

(4)

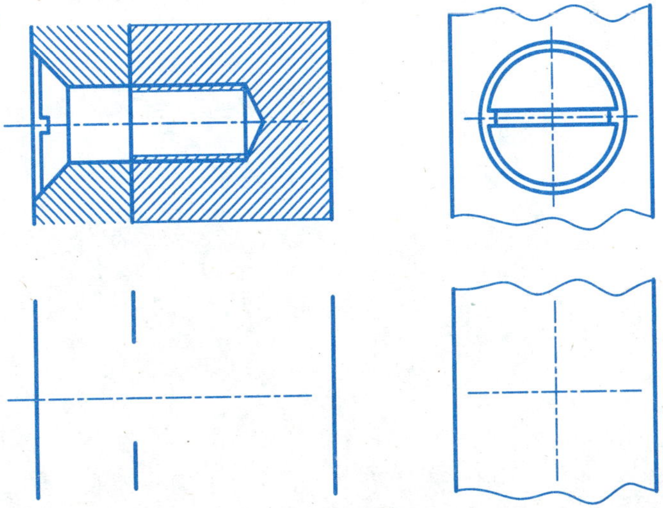

6-2 键和销

1. 普通平键及其连接画法。

(1) 已知轴和轴套采用普通平键连接，轴径为 $\phi 24$，键长为 20 mm，查表填写下列尺寸：

$b = $ _____

$h = $ _____

$t_1 = $ _____

$t_2 = $ _____

(2) 以(1)中所查数据，画出轴的 A—A 断面图，并注全键槽尺寸。

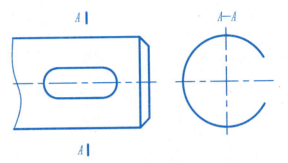

(3) 以(1)中所查数据，补全轴套的剖视图，画出其 B 向局部视图，并注全键槽尺寸。

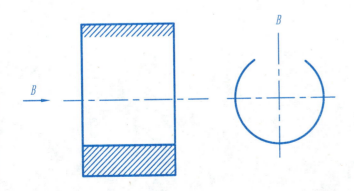

(4) 画出(2)、(3)中轴套和轴用普通平键连接的装配图。

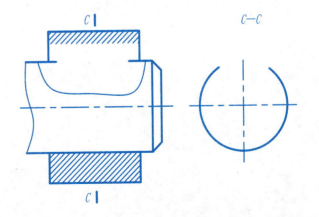

2. 如下图，齿轮和轴以公称直径为8 mm、长度为35 mm、公差为m6的圆柱销连接，完成圆柱销的连接图，并写出圆柱销的规定标记。

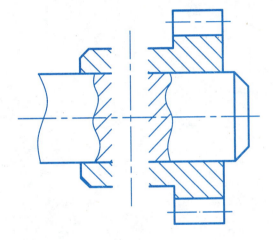

标记 _____

3. 如下图，取适当长度且公称直径为6 mm的圆锥销连接两工件，完成圆锥销的连接图，并写出圆锥销的规定标记。

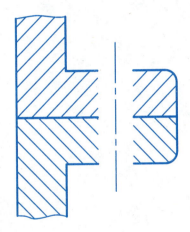

标记 _____

6-3　滚动轴承

1. 试说明以下滚动轴承基本代号的含义。

（1）轴承6205。
  6————
  2————
  05————

（2）轴承61802。
  6————
  1————
  8————
  02————

（3）轴承30216。
  3————
  0————
  2————
  16————

（4）轴承51108。
  5————
  1————
  1————
  08————

2. 查表并用规定画法以1:1的比例完成滚动轴承的剖视图。

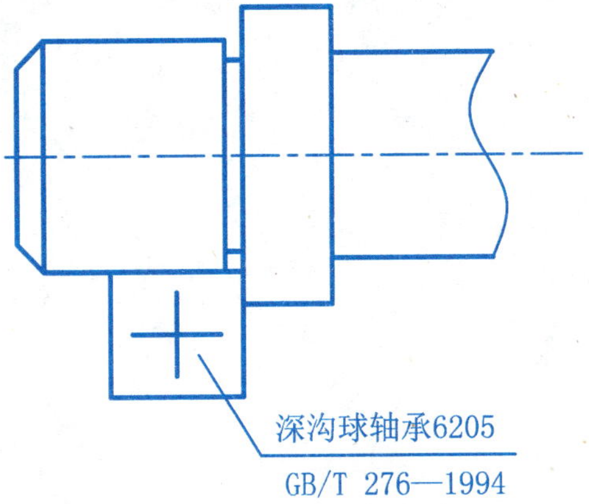

深沟球轴承6205

GB/T 276—1994

第7章 零件图

7-1 零件图的技术要求

1. 检查表面粗糙度代号注法上的错误，在右图正确标注。

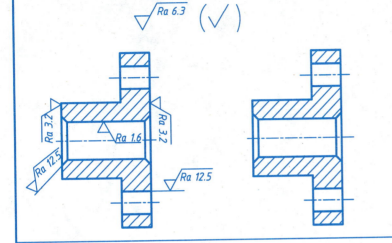

2. 填表。

（1）根据配合尺寸 $\phi 20H7/g6$ 中各符号的具体含义填表。

配合尺寸	配合制	配合种类	基本偏差代号	标准公差等级
$\phi 20 \dfrac{H7}{g6}$			孔	孔
			轴	轴

（2）说明配合尺寸 $\phi 20N7/h6$ 中各符号的具体含义。

$\phi 20 \dfrac{N7}{h6}$	$\phi 20$	N7	h6

3. 根据零件图 (1)、(2)、(3)，标注其装配图(4)的配合尺寸。

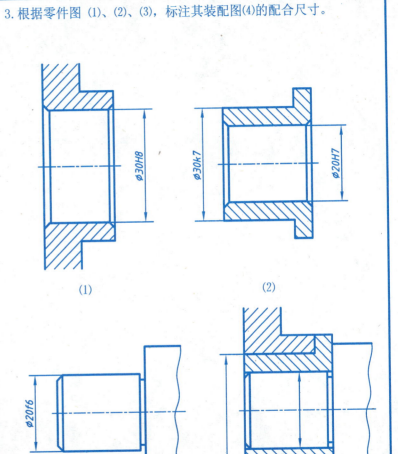

(1)　　(2)

(3)　　(4)

4. 根据装配图(1)中的配合尺寸，分别在零件图(2)、(3)、(4)上标注其基本尺寸、公差带代号及极限偏差数值。

5. 滑块与导轨的基本尺寸是24，采用基孔制间隙配合，标准公差等级均为IT8，滑块的基本偏差代号为e。在装配图(1)中标注滑块与导轨的配合尺寸，并分别在零件图(2)、(3)上标注基本尺寸、公差带代号及极限偏差数值。

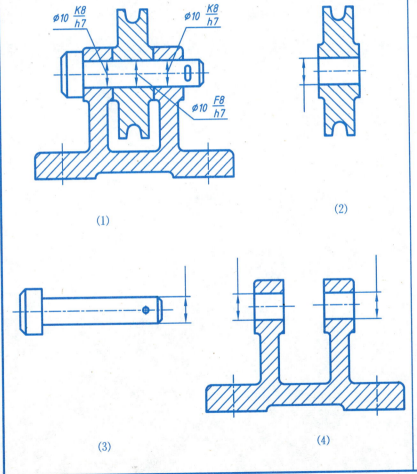

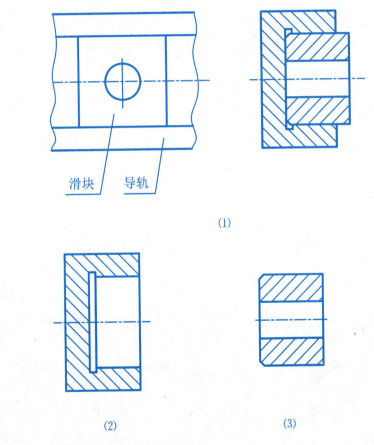

班级	学号	姓名

6. 读懂下图的几何公差，用文字表达框格中的内容。

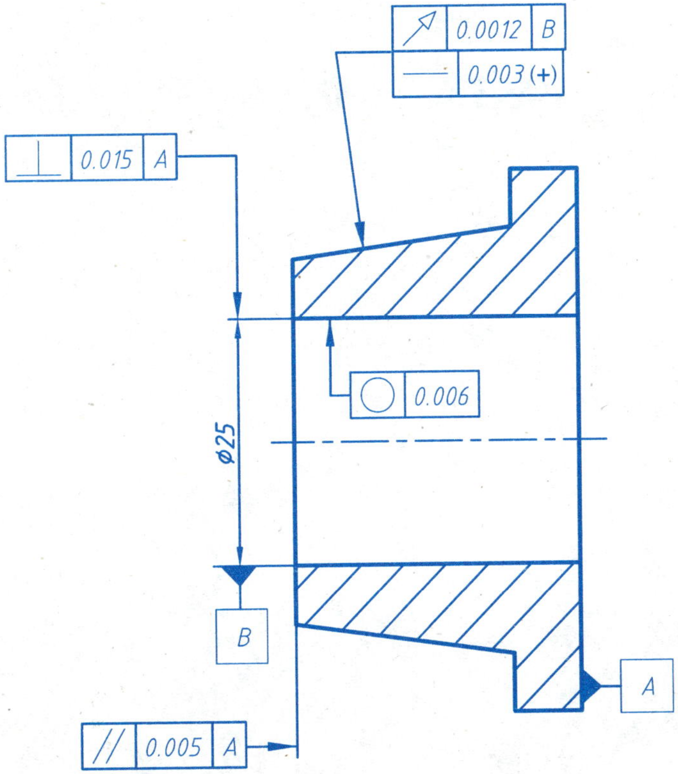

⊥	0.015	A	____________________
//	0.005	A	____________________
↗	0.0012	B	____________________
—	0.003 (+)		____________________
○	0.006		____________________

| 7-2 画零件图及标注尺寸 | 班级　　　　学号　　　　姓名 |

1. 根据轴的轴测图，在A3图纸上画出其零件图。用恰当的方法，正确、完整、清晰地表达零件，并标注尺寸。

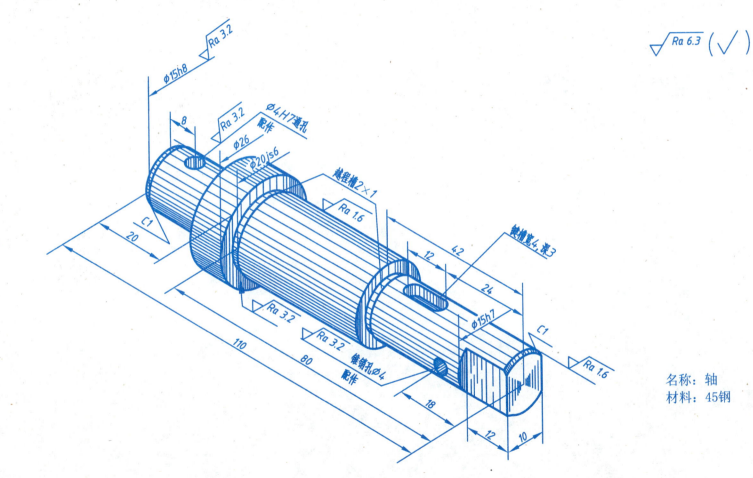

名称：轴
材料：45钢

2. 根据泵体的轴测图，在A3图纸上画出其零件图。用恰当的方法，正确、完整、清晰地表达零件，并标注尺寸。

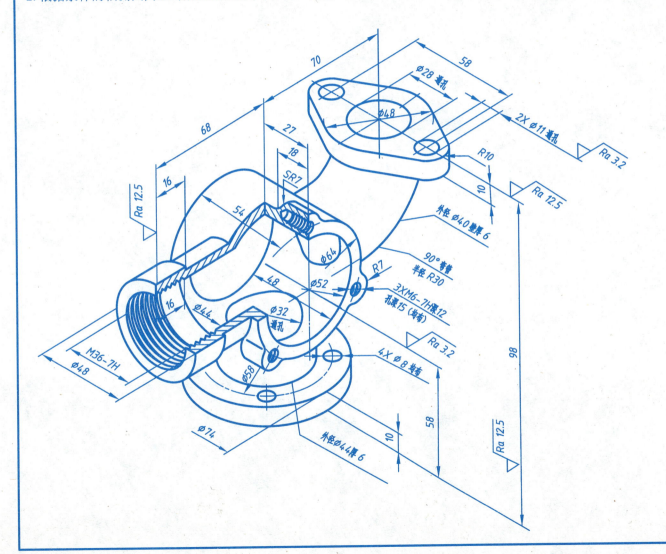

名称：泵体
材料：HT200
未注圆角为 R5

3. 已知直齿圆柱齿轮的模数 $m=5$，齿数 $z=40$，齿宽 $b=40$，试计算该齿轮的分度圆、齿顶圆和齿根圆的直径，用1:2的比例完成下列视图，并注全尺寸（齿轮倒角为 $C1.5$）。

$d_a=$　　　　　, $d=$　　　　, $d_f=$

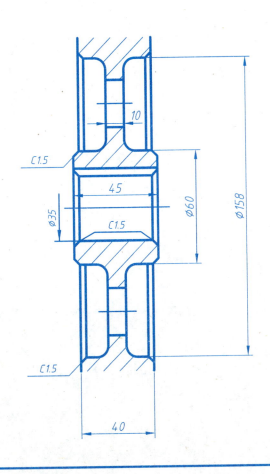

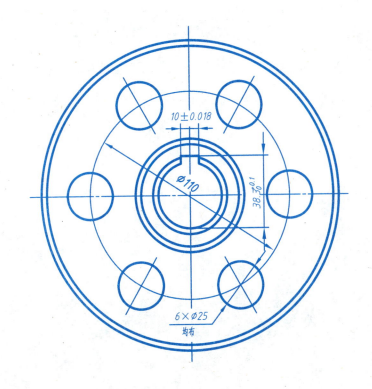

4. 已知大齿轮的模数 $m=4$，齿数 $z=38$，两齿轮的中心距 $a=112$ mm，试计算大、小齿轮的分度圆、齿顶圆和齿根圆的直径及传动比，用1:2的比例完成下列直齿圆柱齿轮的啮合图（将计算公式写在左侧空白处）。

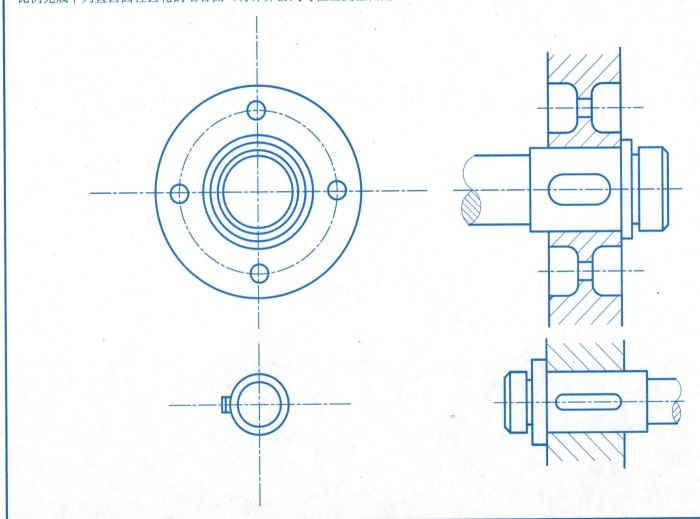

7-3 读零件图

1. 看懂主轴零件图，想象该零件的结构形状并填空。

填空：
(1) 该零件图采用的表达方法有_____、_____、_____。
(2) 靠右侧的两处斜交细实线是_____符号。
(3) 键槽的定位尺寸是_____；长度为_____；宽度为_____；深度为_____。
(4) 尺寸C2中，C表示_____，2表示_____；22×22中，22表示_____；$\phi7$T3中，$\phi7$表示_____，T3表示_____。
(5) M22表示_____。
(6) ⌓ 0.04 C 表示_____两圆柱面对_____轴线的_____公差为_____。
⌓ 0.04 A-B 表示_____。

技术要求
1. 除螺纹表面外其他部位表面硬度均为45～50 HRC。
2. 表面处理：发蓝。

主 轴	比例	1:2	图号	
	材料	HT200	数量	
制图	(签名)	(年月日)	(校 名)	
审核	(签名)	(年月日)	班号	学号

2. 看懂端盖零件图，想象该零件的结构形状，填空并画出右视图。

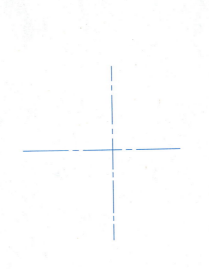

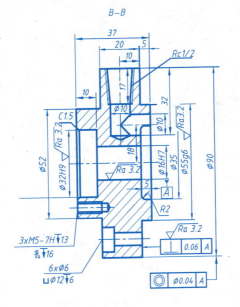

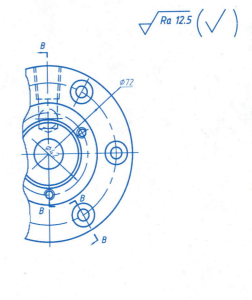

填空：
(1) 零件图的主视图是_____剖视图。采用的是_____的剖切平面。
(2) 零件的长度方向的主要尺寸基准在_____侧，是长度为_____圆柱体的_____端面。
(3) 零件上有__处几何公差，它们的名称是___度和___度，基准是_____。
(4) 零件左端面凸缘上有_____个螺孔，公称直径是_____，螺纹长度是_____。
(5) 零件左端面上有__个沉孔，尺寸是_____。

技术要求
1. 铸件不得有砂眼、裂纹。
2. 锐边倒角C1。
3. 全部螺纹均有C1.5的倒角。
4. 铸件应作时效处理。

	端 盖	比例	1:2	图号	
		材料	HT200	数量	
制图	(签名)	(年月日)	(校　名)		
审核	(签名)	(年月日)	班号	学号	

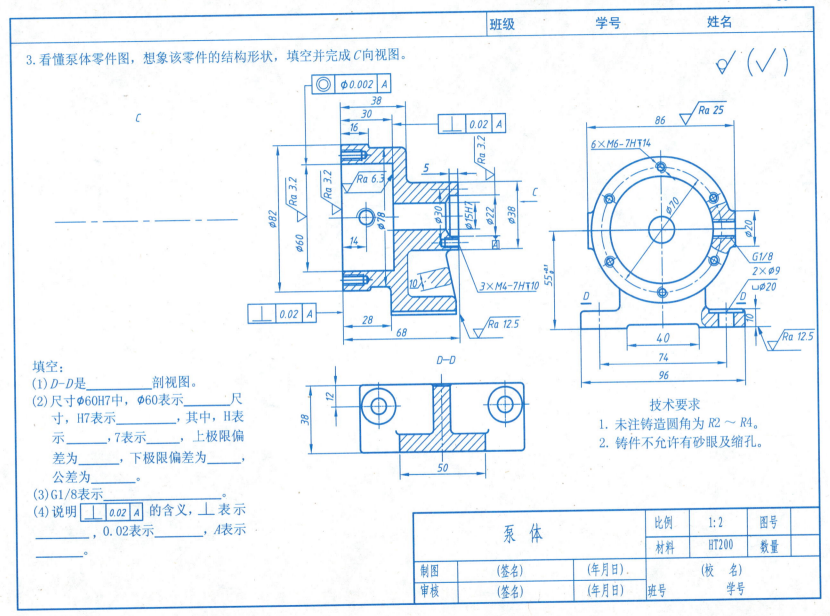

第8章 装配图

8-1 拼画装配图（一）

| 班级 | 学号 | 姓名 |

根据千斤顶装配示意图和工作原理，看懂给出的非标准件零件图，绘制出千斤顶的装配图。

千斤顶工作原理

该千斤顶是一种手动起重、支承装置。扳动扳杆使螺杆转动，由于螺杆、螺套之间的螺纹作用，可使螺杆上升或下降，起到起重、支承的作用。

千斤顶底座上装有螺套，螺套与底座间由螺钉固定。螺杆与螺套由矩形螺纹传动，螺杆头部内孔中装有扳杆，通过扳杆可扳动螺杆转动。

螺杆顶部的球面结构与顶头的内球面接触起浮动作用。螺杆与顶头之间有螺钉，可起限位作用。

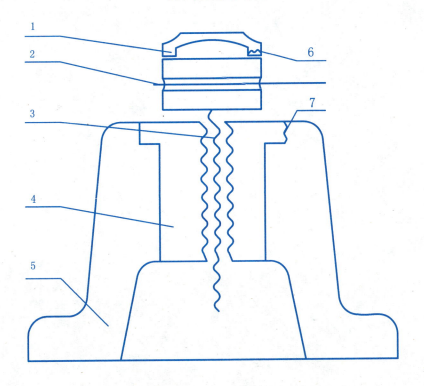

千斤顶装配示意图

7	螺钉	1	35钢	GB/T 73 M10×12
6	螺钉	1	35钢	GB/T 75 M8×12
5	底座	1	HT200	
4	螺套	1	ZCuA110Fe3	
3	螺杆	1	45钢	
2	扳杆	1	35钢	
1	顶头	1	HT200	
序号	零件名称	数量	材料	备注

千斤顶　　比例

制图
审核

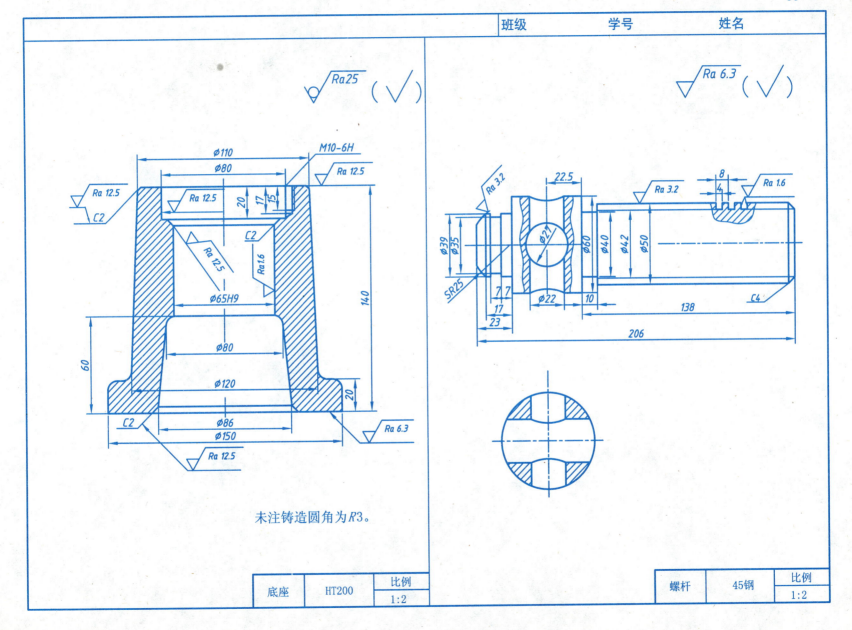

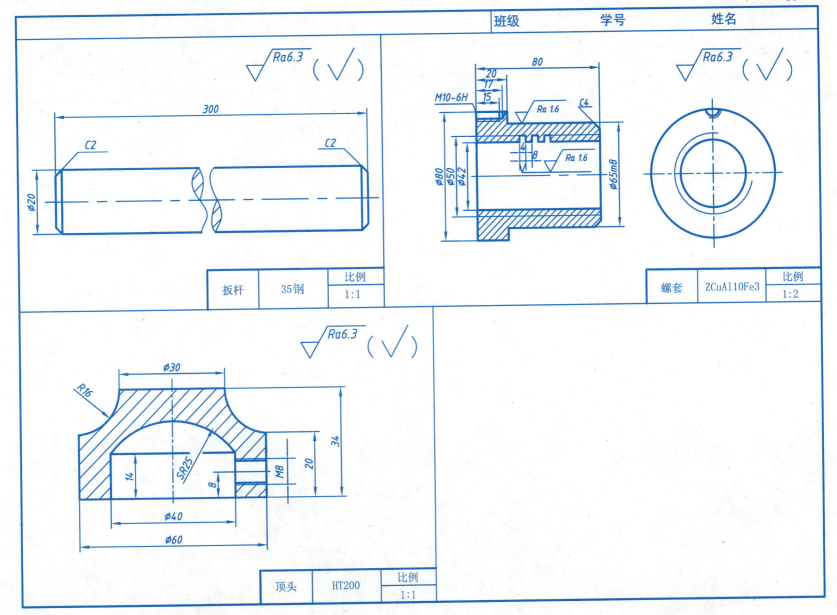

8-2 拼画装配图（二）

根据定位器装配示意图和工作原理，看懂给出的非标准件零件图，绘制出定位器的装配图。

定位器装配示意图

定位器工作原理

定位器安装在箱体内壁上，用于固定零件的位置。工作时定位轴的一端插入被固定零件的孔中。拉手向右拉将定位轴从孔中拉出后，可变换零件的位置。放松拉手后，则弹簧推动定位轴左移，再次固定工件（套筒与支架采用铆合装配）。

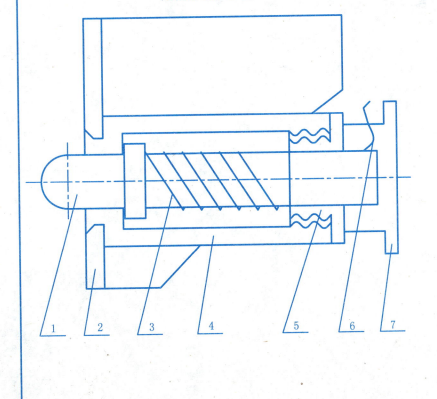

7	拉手	1	酚醛层压板	GB/T 73—1985
6	螺钉	1	35钢	GB/T 73 M2.5×4
5	螺母	1	35钢	
4	套筒	1	35钢	
3	弹簧	1	60Mn	
2	支架	1	35钢	
1	定位轴	1	45钢	
序号	零件名称	数量	材料	备注

定 位 器

比例	
制图		
审核		

| 班级 | 学号 | 姓名 |

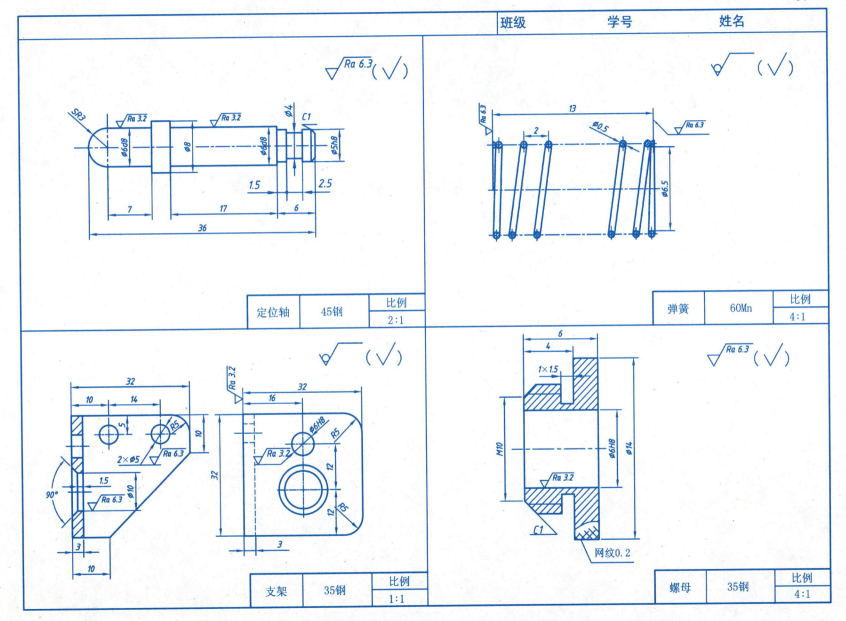

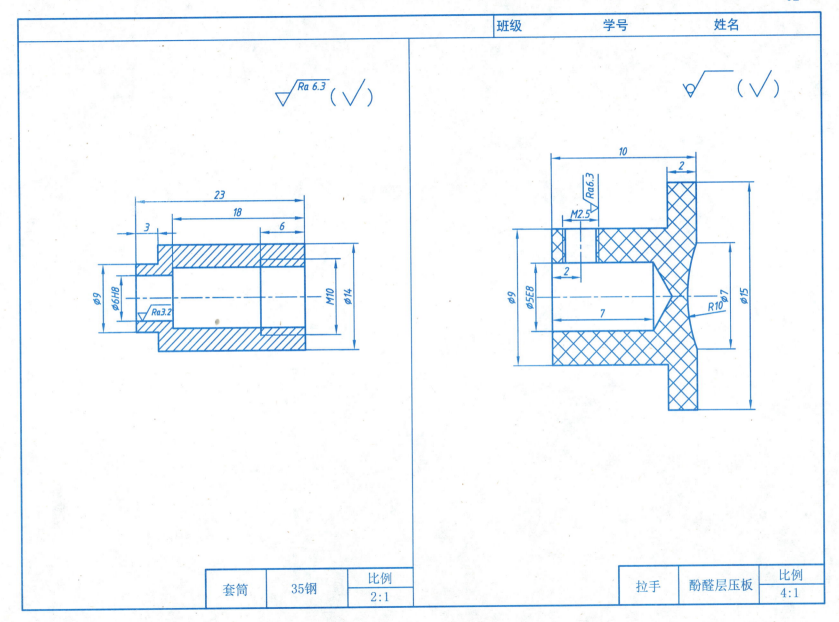

8-3 读装配图

读懂阀装配图，并回答问题。

工作原理

阀安装在管路系统中，用以控制管路的通断。当杆1受外力作用向左移动时，钢珠4压缩压簧5，阀门被打开。当去掉外力时，钢珠在弹簧力的作用下，将阀门关闭。

7	旋塞	1	30钢	
6	管接头	1	30钢	
5	压簧	1	60Mn	1×12×26
4	钢珠	1	60钢	
3	阀体	1	HT200	
2	塞子	1	30钢	
1	杆	1	30钢	
序号	零件名称	数量	材料	备注

阀　　比例 1:1

	班级　　　　学号　　　　姓名
(1) 此阀由几种零件组成？它们分别属于哪一类零件？ (2) 零件6和零件7之间采用什么连接？ (3) 分别找出此阀装配图中的规格尺寸、装配尺寸、安装尺寸、总体尺寸。 (4) 说明此阀的装拆顺序。 (5) 此装配图的主、俯视图分别采用了什么表达方法？ (6) 拆画零件6的零件图，画在右边。	

第9章 焊接图

9-1 看图标注或说明焊接符号（用指引线标注）

班级　　　学号　　　姓名

1. 标注下列焊接符号（用指引线标注）。

(1)

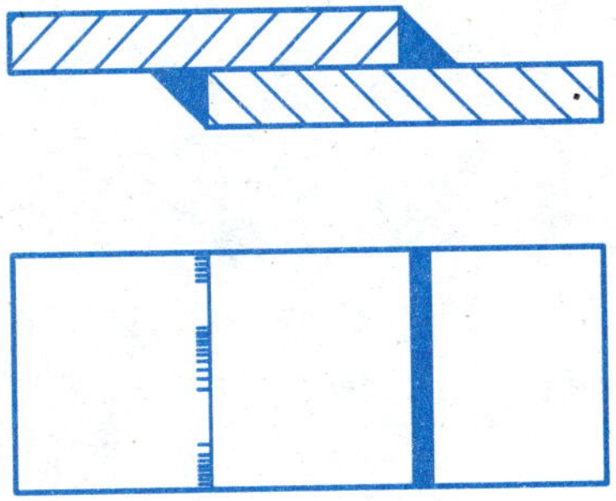

(2)

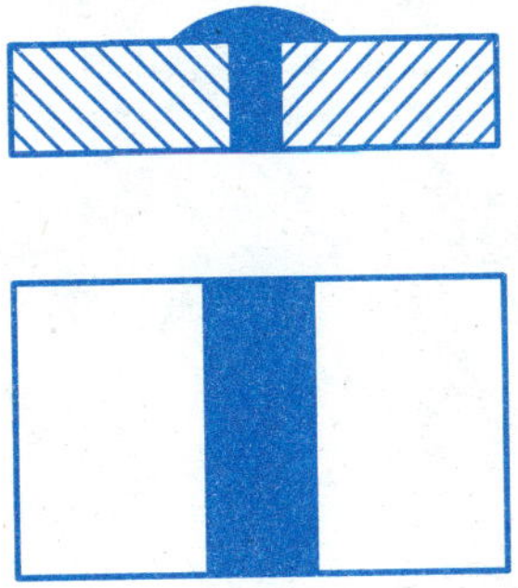

(3)

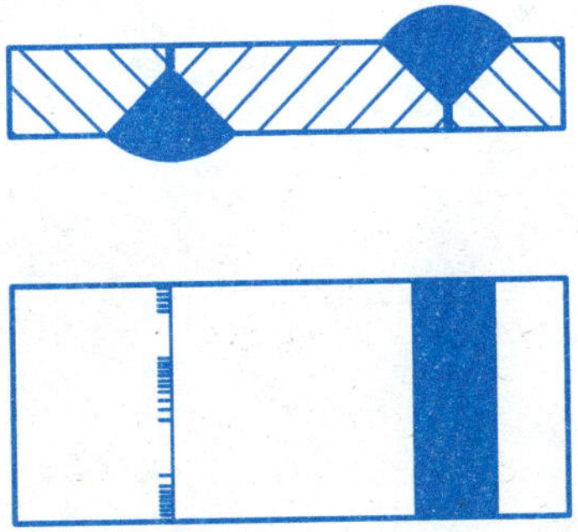

(4)

2. 说明下列标注各焊接符号的意义。

标　注	说　明
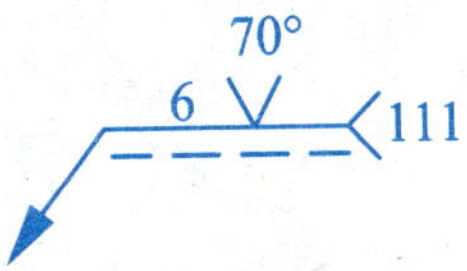 70° 6 ∨ ⌐111	
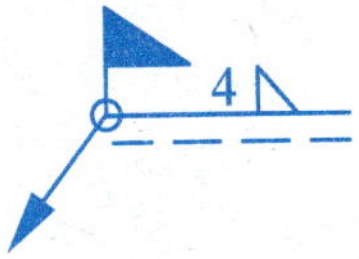 ⌐ 4	
 ⌐ 5	
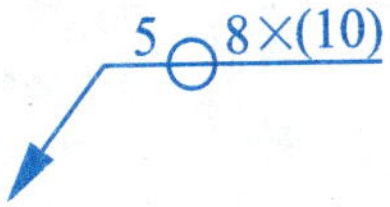 5 ○ 8×(10)	
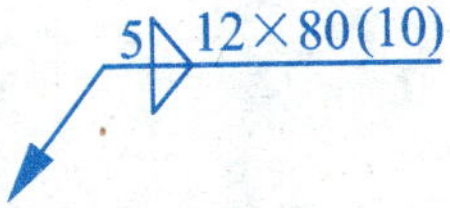 5 ▷ 12×80(10)	
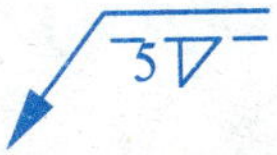 3 ∇	

9-2 完成焊接图

完成支座的焊接图,并标注尺寸。已知焊缝高为5 mm,均为角焊缝。图的比例为1:1。

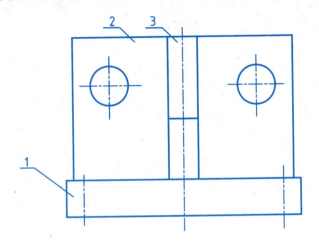

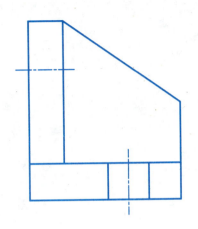

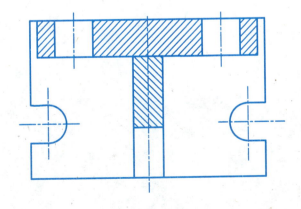

技术要求
1. 尖角锐边倒钝。
2. 各焊缝均采用焊条电弧焊。
3. 所有焊缝不得有透、熔、蚀等缺陷。

3		支承板	1	Q235A	
2		竖 板	1	Q235A	
1		底 板	1	Q235A	
序号	代号	名 称	数量	材料	备注

支 座　　比例 1:1　图号

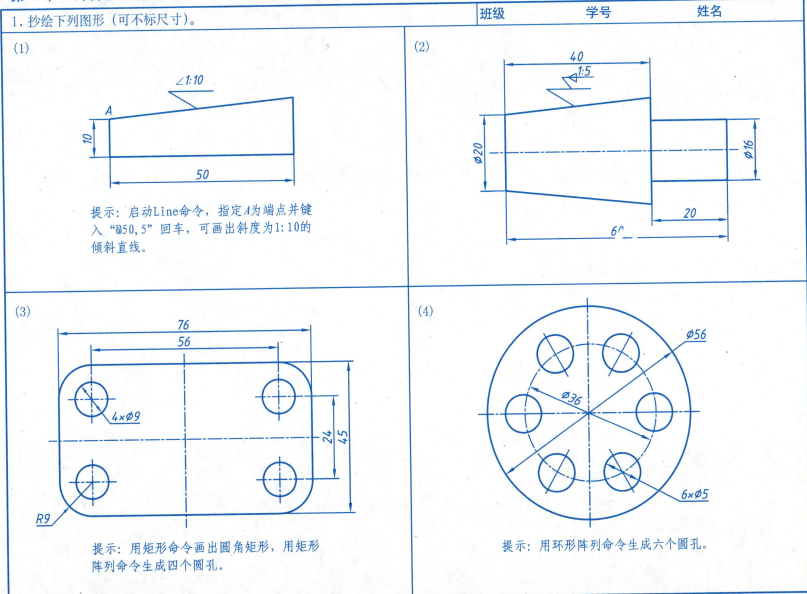

2. 抄绘下列图形并标注尺寸。

(1)

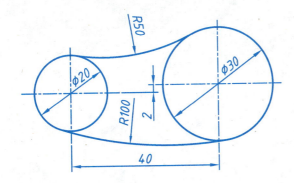

提示：半径为R50的圆弧可用圆角命令绘制，半径为R100的圆弧需用画圆命令(相切、相切、半径方式)绘制。

(2)

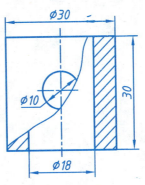

提示：用样条曲线命令绘制波浪线，填充剖面线时需设置合适的填充比例。

(3)

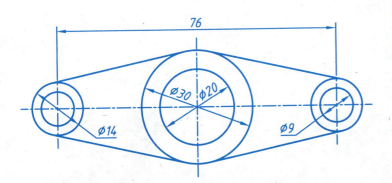

提示：使用对象捕捉工具（切点捕捉项）画出两圆公切线，然后用镜像命令生成图形的其他部分。

(4)

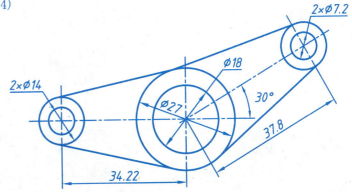

提示：以图(3)为基础，把图形右侧部分旋转30°，然后用拉伸(Sketch)命令拉长即可。

(5)

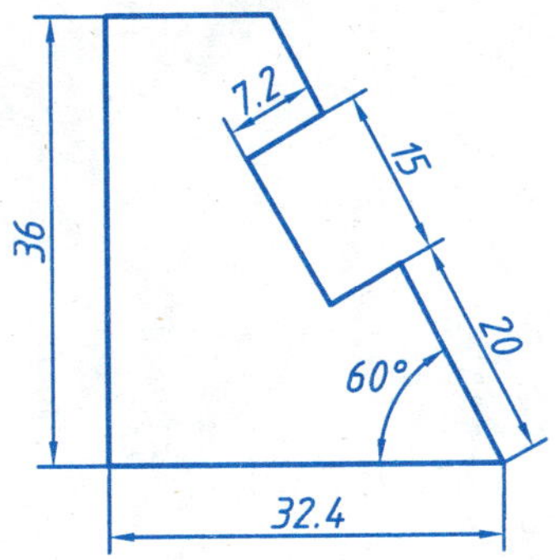

提示：用Line命令并基于角度替代、直接距离输入等辅助作图技术，可画出该图。

(6)

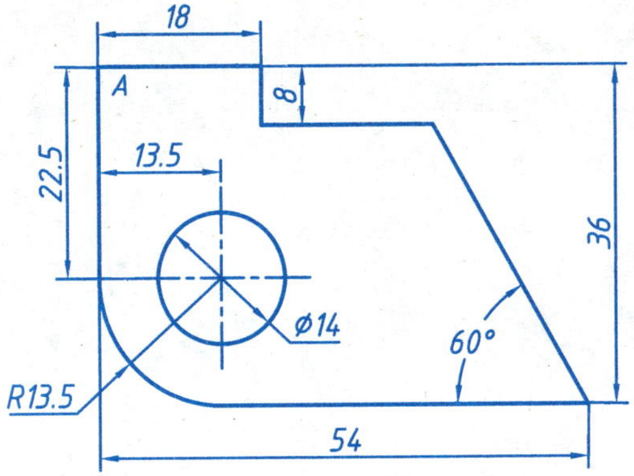

提示：用From捕捉项定位 ϕ14的圆心，以A点为基点，偏移为@13.5,-22.5。

(7)

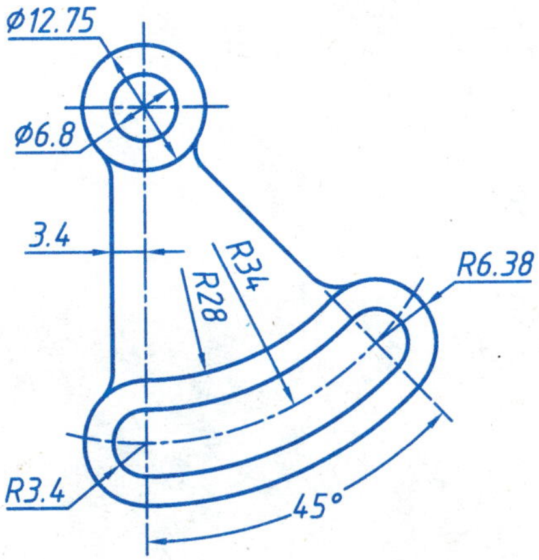

(8)

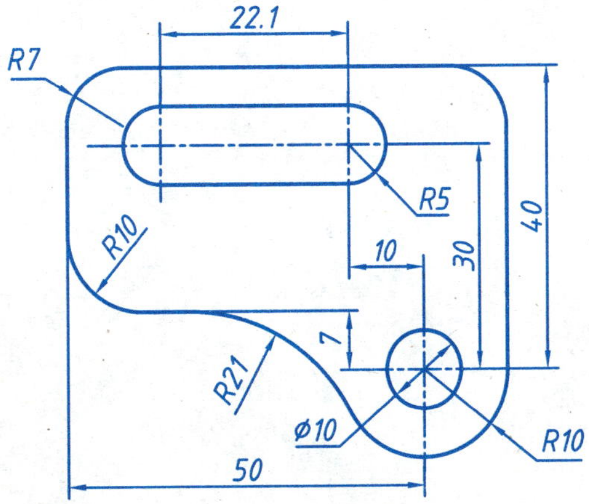

| 班级 | 学号 | 姓名 |

(9)

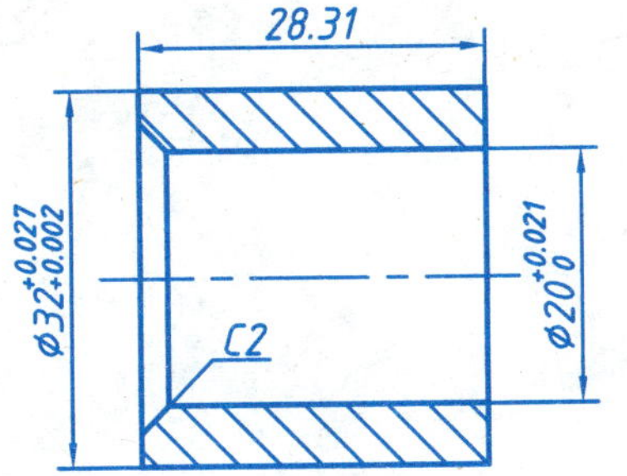

提示：用多行文字编辑器中的堆叠工具生成图中的尺寸公差。倒角C2可用引线标注生成。

(10)

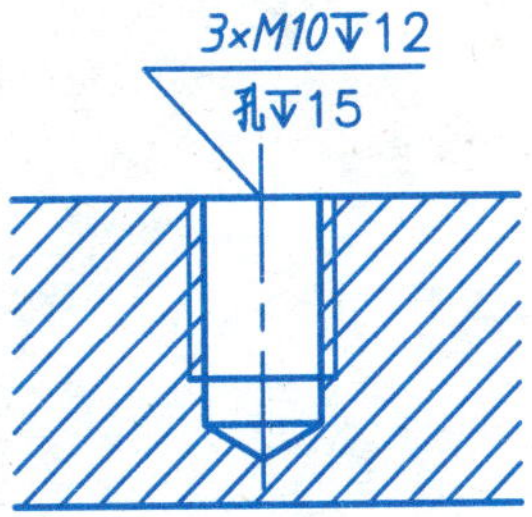

提示：用引线标注生成螺孔及盲孔，标注。在多行文字编辑器中启动字符映射器，插入深度符号▽。

(11)

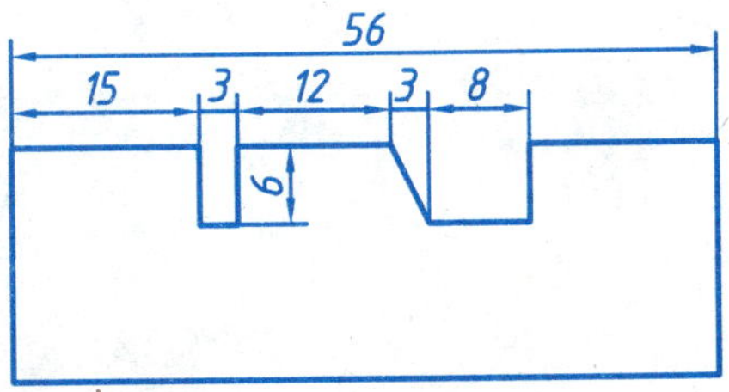

提示：选择某标注对象并单击鼠标右键，在弹出的标注对象编辑菜单中选择"标注文字位置→单独移动文字"，可调整出如图所示的标注效果。

(12)

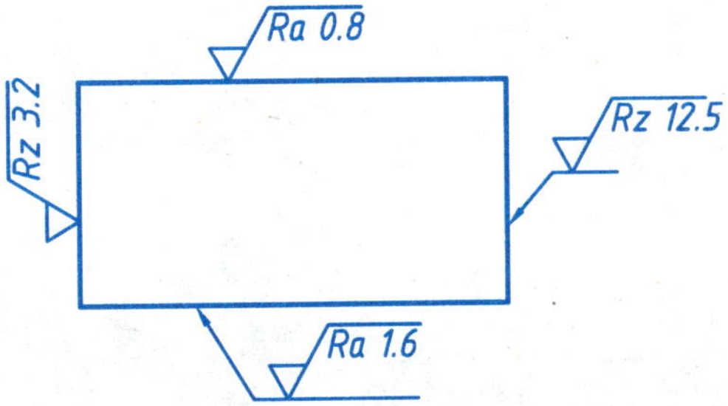

提示：用插入图块定义方法生成图中的表面粗糙度标注。

模拟试卷

模拟试卷（一）

班级　　　　学号　　　　姓名

1. 判断下列直线、平面的空间位置(填写准确的名称)(10分)。

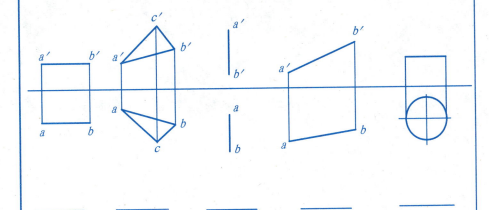

_____　_____　_____　_____

3. 完成截交线的主、俯视图的投影(10分)。

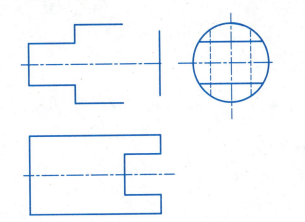

2. 读下图，填写各线和面对投影面的相对位置(10分)。

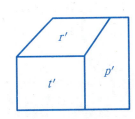

P 是_____面
Q 是_____面
R 是_____面
S 是_____面
T 是_____面
W 是_____面

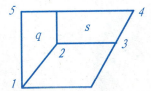

12是_____线，23是_____线
34是_____线，15是_____线

4. 补画主视图中所缺的相贯线(15分)。

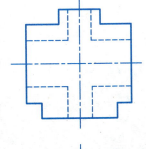 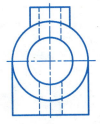

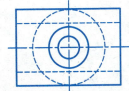

| 班级　　　　　学号　　　　　姓名 |

5. 指出左图局部剖视图中的错误，在右图上画出正确的局部剖视图(10分)。

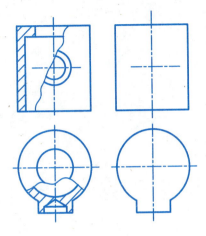

7. 在指定位置将主视图画成半剖视图和一局部剖视图，并补画全剖左视图(25分)。

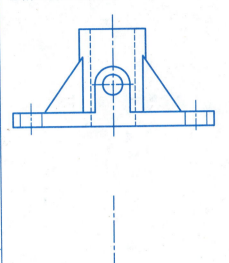

6. 补画第三个视图，并标注该组合体的全部尺寸(尺寸数值在图上量取并取整数)(20分)。

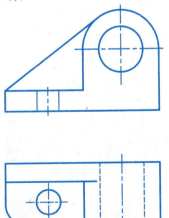

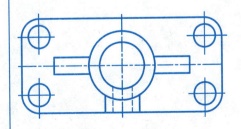

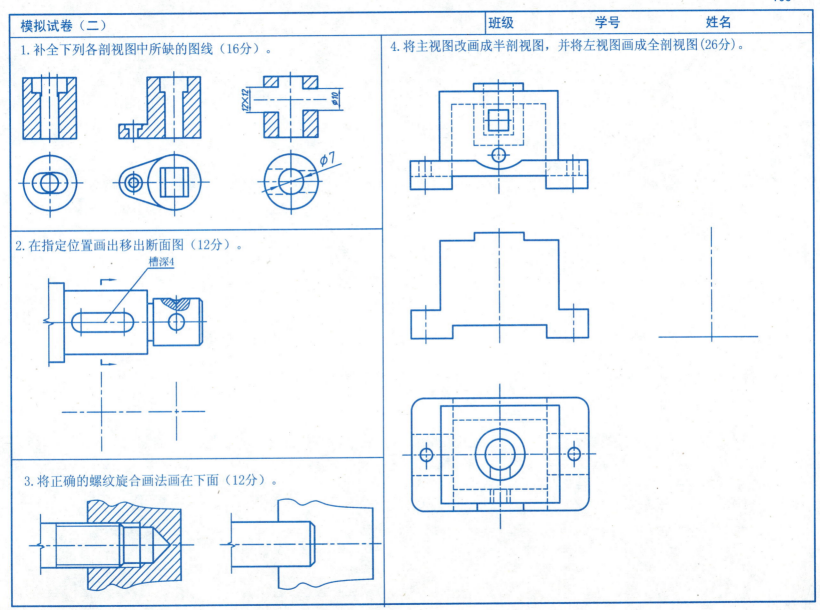

5. 看懂套零件图并填空(24分)。
(1) 主视图是采用_____剖切方法得到的_____剖视图。
(2) B 向为_____视图，并用箭头指明在主视图上所表达的部位。
(3) 套的最左端面的 Ra 最大允许值为_____。$\phi 36^{+0.025}_{0}$ 圆柱面的 Ra 最大允许值为_____。
(4) $\phi 100^{\ 0}_{-0.087}$ 的公差值为_____。
(5) $\phi 3$ 小孔的定位尺寸为_____。
(6) 说明 $4\times \phi 9 \sqcup \phi 14 \triangledown 9$ 的含义：_____。
(7) 在图中指定的位置画出 D 向局部视图。

6. 根据装配图上的配合尺寸，标出相应零件图的公差带代号并填空（10分）。

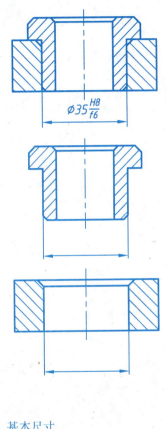

基本尺寸_____

配合制_____

配合类型_____

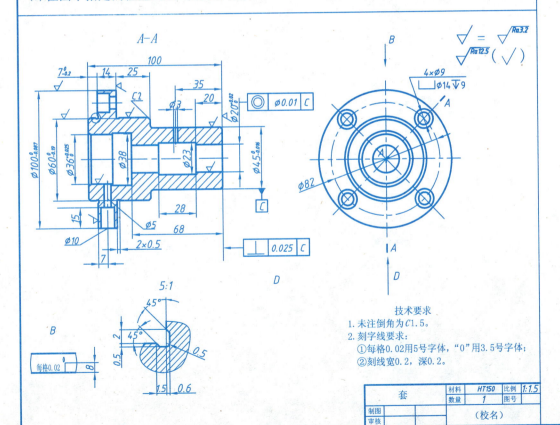